***

許喻理（Yuli）———— 著

編輯小姐
Yuli的
繪圖日誌

Illustrated Diary of Ms. Editor

劇透職場，微厭世、不暗黑的
辦公室直播漫畫。

***

推薦序 1

編輯現場的青春無敵！

　　這年頭出版不景氣，好像已路人皆知，但有趣而耐人尋味的是，想參與製作書刊的人數，卻不減反增。相關的漫畫或日劇（如《重版出來》、《校對女王》等），在青年社群中叫好叫座。很顯然，經濟報酬並不是從事這工作最在意的東西。

　　當然出版絕非慈善事業，出版人總在書香氣的文稿與銅臭味的報表夾擠中，尋找燃燒熱情的理由。日復一日，喜怒哀愁，做書人的職場百態，早已該被好好描繪。喻理的作品，看似一派輕鬆，但卻共鳴廣泛，原因很簡單，就是她的搞笑其實嚴肅，她用淺顯刺探深刻。

　　畢竟編輯的現場，實在太五味雜陳了，可不是文青一種姿態就可駕馭，更多時候你還得擁有商業頭腦，甚至最好能同時扮演心理醫師和搞笑藝人。如果以棒球來譬喻，喻理的守備範圍很廣，她可以跑很快地撲接救險，也能夠沉住氣地蹲低鎮守。我所認識的她，就是新時代要求十八般武藝的新編輯。什麼都能來一盤（而且都得好吃）的那種。

　　她的作品因此有著奇妙氛圍，明明就是一位菜鳥編輯的成長歷程、人生的第一本書，卻意外有著某種看盡滄海桑田的老鳥感，許多笑中帶淚的細膩洞見都讓我拍案叫絕。當然，回歸她的年輕無畏，青春無敵，這本書說到底，就是填充以熱血鬥志的編輯入門學。

　　謝謝喻理的誠懇之作，讓我一輩子都想與書共舞的初衷心跳，又怦然加速起來。

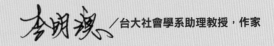

李明璁／台大社會學系助理教授，作家

推薦序 2

笑中帶淚的編輯史實

　　一直說不清楚的故事,在這本書裡完整呈現了。

　　在當編輯時,很常被朋友問:「文章是作者寫的,照片是攝影師拍的,排版是設計負責,那你當編輯到底在幹嘛?」我始終說不清楚的故事,終於被編輯小姐Yuli笑中帶淚的文字和插畫呈現出來了──笑是做為讀者的會心一笑,淚是做為同行的辛酸血淚。如果你喜歡書、想知道一本好書是如何做出來的、進入出版業工作會遇上哪些現實和理想(兩種都有喔),歡迎翻開這本書!

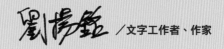

劉揚銘／文字工作者、作家

我想當全臺灣
最厲害的少女
漫畫家！

6 歲的我

我想當優秀的編輯，
做出偉大的書！
先從編校刊開始！

16 歲的我

我想下班！

26 歲的我

編輯職缺就像一個福袋

編輯職缺就像一個福袋，而且還是你最喜愛的品牌難得在週年慶推出的福袋。人人都期待裡面有夢幻逸品，但誰都知道福袋總是用一、兩件還行的商品，包入三、四樣滯銷的品項給你。若不願照單全收，最好就不要貿然搶購。

福袋到手後，發現「超值」的程度超乎想像。發稿、催稿、改稿、退稿；寫文案、想版型、做文宣；成本計算、社群經營、讀者服務……在焦頭爛額中，開始懷疑當初漏夜排隊搶福袋是為了什麼？原來所謂的夢幻逸品根本不存在。覺得這個福袋簡直是詐欺的人，很快就離開了。但有些人就是不死心，相信自己氣場強大，不可能駕馭不了這些單品。我就是這樣的人。

投入出版業以來，我曾被數落為「不合格的編輯」，也曾被讚是「全方位的編輯」；曾被作者在網路上公審，也曾與畫家建立革命情感；曾經做出暢銷書，也曾眼睜睜看著滯銷書被銷毀。在崗位上的這段日子，都掙扎著想從每一個正評與負評中，釐清「合格的編輯」到底要具備哪些條件。學中做，做中學，被罵就回去檢討，被誇獎就坦率道謝。做出了一點心得，就畫成漫畫和大家分享，娛樂大家之餘，也讓想搶下一波福袋的人參考。我的粉絲團和這本書，就是這樣誕生的。

我是一個「合格的編輯」嗎？我不確定。但我不只要去搶那個福袋，還要把裡面的單品搭得又時尚，又好看。

目次

Part 7 折損腦力的文案撰寫

Part 8 校對、改稿是種修行

Part 9 辦公室妙趣生活

Part 10 　角色互換之當編輯成為作者

Part 11 特別收錄：編輯不夢幻的人間生活

Part

1

一腳踏進出版業

究竟是命運的安排？還是情感的糾葛？讓一個連「編輯」是什麼都不知道的小女孩，不小心宣告了自己的未來，開啟一條不歸路。每當有人問起入行的原因，我就得花一小時講這個故事。但如果你期待讀到一個奮發又熱血的故事，那真的要讓你失望了，這個章節可以說是編輯小姐的「不勵志故事集」。

TUE	WED	THU	FRI
	01 硬著頭皮闖進 出版業	**02** 訂單兌現	
			03 我想當漫畫家！

你好，我是黑熊出版的總編輯。請坐，不要緊張喔！

有出版界美魔女之稱的總編

哇啊啊，好漂亮，應該是好相處的人吧？好緊張……

你好～

我的作品集請過目！

…

…

放下

她沒興趣！

你的插畫很不錯，但我需要的是處理行政事務的工讀生喔！告訴我為什麼你對這份工作感興趣呢？

我在想什麼！為什麼帶了插畫作品集！

死定完蛋了！

起碼也帶這次編的校刊來啊！我到底在幹嘛！

我…我高中和大學都是校刊社社長，對出版工作也很感興趣，知道這裡有工讀職缺，覺得我應該可以勝任。我會使用 Photoshop 和 InDesign，文字能力不錯、美術程度也還行，除了數學不好以外其他都滿有自信，希望有機會可以貢獻綿薄之力！

語無倫次

01

編輯真心話

硬著頭皮闖進出版業

　　我曾經在林海音的書中讀過一句話：「只要硬著頭皮去闖，闖一闖就過了。」雖然早已忘記是哪一個故事，但這句話一直深深烙印在我的腦中，如果眼前出現有難度的障礙，就會告訴自己，不管怎樣，硬著頭皮去闖就對了。

　　因為從高中到大學都在編校刊，隱約知道自己畢業後，八成會往媒體出版業發展。沒想到命運推著我前進的速度實在有點快，我在大學三年級的暑假，就因緣際會獲得出版社面試機會。匆促的趕到、踏進會議室之前，我也一樣告

訴自己，硬著頭皮去闖就對了，究竟最後是闖禍還是闖出名堂，就到時候再說吧！

　　沒想到一轉眼間，四年就過去了，好像混得還可以。當時強迫我去面試的媽媽，還時常懊悔的跟我說：「早知道當年就把你丟到銀行樓下，搞不好現在就在金融界領高薪……」我只想跟她說你想太多啦！機會是留給準備好的人，因為我編過校刊、語文能力還可以，才能在出版社生存，真的把我丟到銀行樓下，三個月不到就被踢出來了！

編輯真心話

訂單兌現

我認識一位同業，在回顧自己入行的原因時，説是因為「以前作家爸爸帶著她，一個字一個字修改作文」的記憶啟發了她，讓她熱愛寫作，也成為了編輯。聽著真是慚愧，想當年我的作家媽媽也是一個字一個字改我的作文，卻讓我氣到發願總有一天要「加倍奉還」，最後成為了編輯。放眼全出版業，可能只有我的動機這樣不健康、充滿負能量。更讓我生氣的事，那個讓我發誓要改到爆的作家──我媽，竟然就此不再交稿，忙著四處演講、開畫展，真是太狡猾了！

事實上，編輯工作的繁複和瑣碎超乎想像，若是在編制較小的公司，甚至無法只純做改稿、校對這類「編務」，連行銷企劃和行政工作也得一起包了。還沒完全電子化的時代，我要把主管搜集的上百張名片一張一張key進Excel建檔、用Hotmail做出假的「電子報」發送。比我更早入行的同業，還經歷過編輯自己包裝、出貨，開著自家車到書店送貨的年代。

從業四年以來，公司同事幾乎已換過一輪。大家總是很驚訝我在這裡待得這麼久，或許正是因為，我並非抱持憧憬而來，因此從未被現實嚇跑。

我…我以為她是天才兒童…

我就說吧！

不過那小鬼什麼事都三分鐘熱度，我來看看她是不是真心想以漫畫家為目標。

女兒啊～

我覺得當漫畫家很棒，而且你很適合。可是……

你可知道漫畫之神手塚治虫他是一位──

醫·學·博·士！

正是因為他擁有不凡的學識與開闊的眼界，才有能力創造出怪醫黑傑克這樣精彩好看的作品！

並不是只要會畫畫就可以成為漫畫家，必須要認真讀書才行。

蛤？好麻煩，**那算了。**

這可一點都不輕鬆呢！

未免太快放棄了吧！

番外篇

Yuli快來玩鬼抓人！

我畫完就去！

哇！好厲害！這是你畫的？

玩偶遊戲

參考書

公主畫作

哇哈哈哈哈哈哈哈哈哈好說、好說！

太強了吧！

好會畫喔！

當畫家！

教我！我也想畫！

1997年，6歲的Yuli在幼兒園裡被封為：那個很會畫公主的女生。

我以後要當畫少女漫畫的那種畫家！

非常不謙虛的小孩。

20年後。

你真的超會畫搞笑漫畫！超好笑！

這之間到底哪裡出了差錯？

編輯真心話

我想當漫畫家！

　　我猜應該很少有小孩會說自己未來的夢想是當「編輯」，因為實在太抽象了，搞不懂那是什麼。我也是一樣，所以我小時候的夢想是當「漫畫家」。當漫畫家需要卓越的畫技與優秀的說故事能力連小朋友都知道；而努力實現夢想這件事，我們都聽過「10000小時定律」，除此之外，大人也喜歡引用「天才是1%的天賦加上99%的努力」這句話來勉勵後輩。依我之見，這句話是個陷阱。如果一頭熱的努力了99%，到頭來卻發現自己其實一點兒天賦也沒有，那頂多只是勤能補拙；如果因為沒有自信而躊躇不前，那麼1%的天賦就白白浪費了。到底人要怎麼樣發現那個命中註定的天職呢？有個充滿負能量的方式叫做刪去法。

　　這並不代表我們需要擁有很多資源，去嘗試各式各樣的才藝課，從義務教育裡就可以做簡單的篩選。我一開始上小學，很快就學到一件事，就是——我討厭數學。升上中高年級，我又學到另一件事，就是我討厭自然科。接下來讀國中，讓我繼續確信我討厭數理、討厭體育、不擅長地理科和歷史科、公民雖然應付得來但很無聊，對家政、音樂和表演藝術也是沒什麼興趣，這時很明顯只剩下——國文、英文和美術課。

　　升上高中後面臨未來的選系，必須開始仔細的體會，什麼東西是真的喜歡，什麼東西只是單純好應付所以不討厭。最後我得出了結論：語文是我擅長的，但美術是我擅長而且喜歡的。所以我念了中文系，並把所有閒暇時間拿來畫畫。雖然，因為我使用相對消極的「刪去法」來做生涯規劃，所以並沒有在一開始就考美術班、或是去讀藝術大學，但回過頭去看，我在刪去法人生的刪去過程中，把所有刪去的部分（例如被我完全放棄的數學課）全部拿來做自己喜歡的事——畫畫。不知不覺，或許也逼近了10000小時的練習時數定律。

　　如今我成為編輯，而且負責有圖有文的繪本和漫畫類，還成為圖文作家，確實是結合了擅長的語文與喜愛的美術啊！刪去法人生，大家也試試看吧！

29

Part

2

出版圈的生物鏈

從一疊稿紙變成一本書，從來就不止是作者和畫家的事。除了版權頁上的名字之外，每一本書背後，其實還有更多隱身幕後、不為人知的工作人員。**如果編輯是一本書的「導演」，那這個劇組到底有哪些人呢？**

01
**電影有導演很合理
那書的導演是編輯
很奇怪？**

TUE	WED	THU	FRI
●			
	02 出版社組織介紹		
		03 圈外人對編輯的 奇妙印象 ●	

01

電影有導演很合理，
那書的導演是編輯很奇怪？

「作家都寫好了，畫家也畫好了，那你們編輯到底要做什麼？」編輯的工作內容實在很難解釋。

最具體的當然是校對和潤稿，但常常讓人覺得「只是在挑錯字」，事實上編輯的工作遠遠不止這些。簡單來說，就是「統籌一本書的製作過程」。我最常看到同業把自己比喻為廚師，將食材化為料理。不過仔細想想，其實編輯就跟導演一樣啊！電影有導演很合理，為什麼書有編輯很奇怪？

看看電影播完之後那長長的工作人員名單，完成一部電影需要編劇、演員、攝影師、燈光師、美術、錄音、剪接、製片、特效……多到很多人沒耐心看完，當然需要一位導演統籌，才能完成這部巨作。

那書呢？難道工作人員只有作者和畫家？事實上，一本書從一個word檔（過去是一疊稿紙）到陳列在書店中，動用到的人力與專業，遠比表面上看起來得多，也比版權頁上出現的人數還要多。所以編輯的工作，就是不停的發想、發案、聯繫、溝通，以及一次又一次的討論。

如果這樣的比喻，還是沒辦法讓對方滿意，那你可以把這本書拿給他看。

電影有導演很合理，那書的導演是編輯很奇怪？

作者都寫好了，畫家也畫好了，搞不懂為什麼需要編輯？

那你覺得一部電影有導演很重要嗎？

當然啊，沒有導演的話，電影根本拍不起來吧。

既然電影有導演很正常，那一本書有編輯有什麼好奇怪的呢？

原來！

總編輯
編輯部的最高決策者。接收資訊的敏感度極高,興趣廣泛,在自己的專業領域更是數一數二。擁有堅定的出版理念,主導出版社的出版方向。因為必須為整個團隊負責,對經營與管理會計也很有見解。

編輯
編務的主要執行者,等於是一本書的專案經理。除了與作者密切討論之外,主要負責統籌、監督所有出書的流程細節。文字敏銳度高,市場敏銳度也高,還要有挫折耐受力與堅強的毅力。

美術編輯
為一本書的視覺設計操刀。工作包涵內頁排版、封面構成、文宣設計、網宣設計等等,和編輯攜手完成兼顧美感與讀者閱讀舒適度的版面。可以行雲流水的操作Photoshop、Illustrator、InDesign等製圖、排版軟體。

助理編輯
編輯部的初學者,大部分的新鮮人會從這個職位做起。負責處理行政庶務,同時跟在編輯身邊學習基礎編務。

行銷企劃
負責將書籍推上前線的人。舉辦新書發表會、安排媒體曝光、爭取陳列位置、向通路會報新書、化身小編經營粉絲團等等,致力於讓更多讀者看見這本書。腦袋總是有源源不絕的點子發想中。

業務
書籍販賣的重要推手。除了與既有的合作通路保持密切聯繫外,也積極開發新的客戶與合作方式。

版權
出版社中專門處理版權交易的人員,需與版權代理,以及國外出版社保持密切的聯繫。

會計
掌握出版社的財務狀況,使公司得以穩定營運。

色票

印務
精通關於印刷、紙張、裝訂的專業知識。協助掌握書籍的裝幀成本與進度,以及監督書本的印刷品質。

發行
根據出版社接到的訂單,統籌書籍的出貨與配送。

倉管
管理出版社倉庫的人員。負責盤點庫存、調度出貨和進貨流程。

版權代理
擔任國內與國外版權交易的橋樑。除了將國外的新書書訊發送給出版社，也將國內的原創作品推廣到國外，並協助處理版權交易過程中報價、簽約、樣書寄送等流程。

設計師
視覺傳達的專家。接受出版社委託，負責書籍的裝幀設計、宣傳物的主視覺等等。有時也會負責網頁設計。

通路採購
為通路評估進貨量的人。每個月聆聽各出版社行銷或編輯的新書會報，綜合書籍主題、目標讀者、市場趨勢等等，評估一本書的進貨量。

經銷商
書籍的盤商。向出版社下單進貨後，再批發給各書店販賣。透過經銷商，書籍可以鋪貨到全國各地、各式各樣的書店。

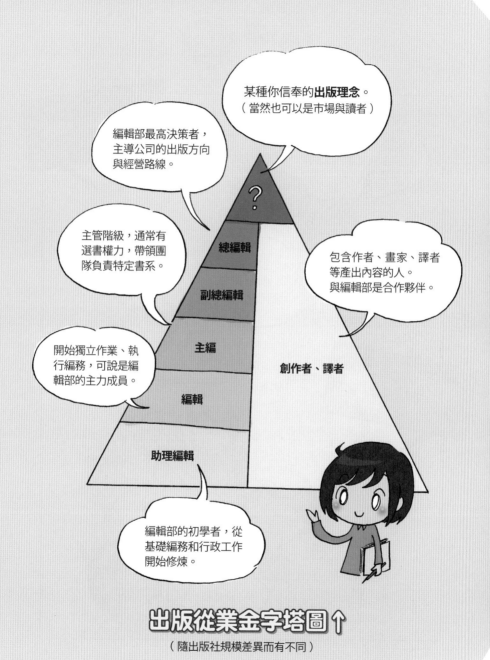

出版從業金字塔圖↑

（隨出版社規模差異而有不同）

03

圈外人對編輯的奇妙印象

圈外人對編輯的奇妙印象

有時候大家對編輯的某些想像，似乎也不是「刻板印象」，就只是很奇妙的印象。例如某次休假和家人住度假村，有許多與其他旅客閒聊的機會。與人閒聊，難免就會聊到工作，這種時候就會發現人們對不同職業常常有一些奇妙的印象。

例如：「你是編輯，那你一定讀過超多書！」聽起來好像沒錯，實際上不太對。我是看很多閒書沒錯，但這跟我從事哪一行沒有關係。要說編輯工作影響閱讀量的話，應該是「同一本書讀超多次」比較精確。還有這句：「你是編輯，難怪你英文說得這麼好！」我英文說得好，是因為過去的十二年教育中我都有好好聽英文老師上課，還去美語班補了美語。不過從事這一行，擁有優秀外語能力當然是會大大加分。

我還在持續收集各種「世人對編輯的奇妙印象」中，如果各位同業朋友有任何有趣的經驗，歡迎提供給我。

Part

3

你為什麼想當編輯？

03
最美好的工作

這就跟**「你為什麼喜歡我？」**一樣，此題無解。
真正的喜歡是說不上來的，如同幫助我們做出
選擇的並不是理智，而是人生經歷加上命運。
當然我們還是可以抽絲剝繭，看看出版業中的
大家，到底是經歷了什麼，最終選擇走上這條
不歸路……

TUE	WED	THU	FRI
		01 你是科班出身嗎？	
	02 我讀的是中文系， 不是字音字形系。		
			04 學妹，不要想不開
		05 編輯的職災知多少	
	06 專業知識是什麼？ 能吃嗎？		

01

編輯真心話

你是科班出身嗎？

許多行業都有可能被問到：「你是科班出身嗎？」這個問題很有趣，它有個前提是：「這一個行業，有對應的科系或專門學校得以就讀並訓練專業能力。」我也多次被問過「是否科班出身」，但我都會反問對方：「你覺得編輯的科班是什麼班？」

「編輯」是文字相關工作，很多人會直覺是「中文系」，確實也非常多同業朋友是中文系出身。就連某一集中文版《辛普森家庭》，也諷刺出版社裡都是一些「中文系畢業，找不到工作」的人。我就是中文系畢業，但除非要編一本與中國文學有關的書，否則會用上的工作能力90%不是在學校學的。

這份工作沒有所謂的科班不科班，每一個人都是從零開始學當編輯。從最具體的除錯、潤稿、寫文案、排版的技巧，到企劃、統籌、溝通、行銷的能力，都是進了業界才開始學習、累積。會寫作文不代表會寫文案、點子多也不一定懂得企劃、人緣好也不見得善於溝通，即使從前字音字形比賽都拿第一名，也不代表校對能萬無一失。進了業界才發現功夫永遠學不完，永遠都有全新的課題要面對。

所以，到底有沒有科班出身的編輯？有。有些學校設有出版相關的科系，如：師範大學的圖文傳播學系（其中還有印刷出版科技組）、南華大學的出版與文化事業管理研究所（現更名為文創所）、世新大學的圖文傳播暨數位出版學系等等。

至於「當編輯的都是中文系？」那完全就是刻板印象啦！

01

你是科班出身嗎？

常常 被問到這個問題…

與漂亮的活動主持人談合作。

你在出版社工作，那你是「科班出身」的嗎？

對出版業來說，哪個系叫做「科班出身」呢？

我都回答…不是耶～我是中文系的。

呵呵～

02

我讀的是中文系，
不是字音字形系。

出社會   ## 大學時代

我讀的是中文系，不是字音字形系。

「你讀中文系／當編輯，幫我看一下這個字怎麼讀？」中文系的朋友，還有當編輯的朋友，多少都會碰到這種情況吧？如果正好不會念，還會被酸：「不是讀中文系／當編輯，你這樣行嗎？」每次遇到這種人，都只想把字典砸到對方臉上。中文系是「中國文學系」，又不是「中文字讀音系」。

當編輯的人，並不是比一般人懂得更多難字生詞，而是長期為書本把關，練就了文字敏銳度。剛開始做校對時，很多別字挑不出來，被主管電過幾次，逐漸在看稿時會產生「這邊好像不對勁」的感應，一但有這個感應要立刻查字典確認。久而久之，累積了大量資訊，才成為「懂得很多讀音」的人。

我是童書編輯，所以校對時除了文字以外，也要顧及注音的正確與否。讀音的根據是「教育部國語字典」，也就是國小課本教怎麼讀，我們就跟課本一樣。麻煩的是，教育部幾乎每年都會改一些讀音，導致有些家長會打來投訴我們書中的注音和「我家小孩在學校學的不一樣」，我們也只能耐心的解釋，這本書是兩年前出版的，當時的教育部讀音確實是這樣標註，往後若再刷會根據最新頒布的讀音修正。有時候書真的剛好再刷，也改好注音了，隔一年讀音又改回原本的，要是再接到投訴電話，真的欲哭無淚。

事實上，我們根本不可能每年都重新檢查全公司數百個品項中的注音符號，所以目前為止這是幾乎無解的問題。

雖說是去
「談版權」

1hr...

3hr...

但基本上
都在**聊天**…

咦?那你原本做什麼工作呢?

噢～

問了你會後悔

...

我從日本法律博士班畢業後,萬X事務所就請我去上班。

後來被另一家事務所挖角,薪水更高工作也比較輕鬆,

所以我改做版代,很多人都覺得我瘋了。哈

等等,萬X——?!

是超有名的那個、那個萬X法律事務所嗎?

一派輕鬆

是啊!

震撼——

深受打擊

好厲害喔～～
那是法界菁英也
不見得進得去的
事務所吧！

← 恢復鎮定

會嗎？
我覺得滿容易
的耶？

是學霸來著。

原來如此…
← 再度打擊

雖然想做出版，
但我既不會編，也不擅長寫，
所以選擇了版權代理這個領域。
但我第一次聽到編輯的薪水時，
真的嚇了一大跳。
那麼專業工時又長的工作，
報酬卻相對低，真的好辛苦。

你們是真的為
理想而奮鬥著，我覺得
編輯真的好厲害～
再高的薪水也比不上呀！

還好沒來
搶我們飯碗…

真的。

49

最美好的工作

有一次我到一所大學演講，臺下是一群憧憬著出版業、雙眼閃閃發亮的大學生，在提問時間有人問我：「出版業工時長、薪水又低，是什麼原因支持你繼續當編輯？」這種時候，如果回答「理想」就太虛假了。

事實上，一旦理想變成「工作」，所有最瑣碎、最討厭、最氣人的事情都會接踵而至。光是有理想並不足以讓人心甘情願的支撐下去，況且還沒賺幾個錢，拂袖而去也很合理。

以精神面來說，這份工作值不值得投入，多半取決於是否能從中獲得「成就感」。對我而言，親手從零開始企劃、統籌、編輯出一本書，是非常有成就感的事情。新書印好那刻，前面所有的不爽和痛苦都煙消雲散。

以現實面來說，「追求理想」這個理由絕對不值得讓自己的生活過得很糟。出版業工時長、薪水低是常態，如果遇上制度不全的單位、壓榨員工的主管就更是雪上加霜。不管從事任何行業都要設好底線，評估自己能為理想付出到什麼程度。若身體、精神、經濟狀況之中有任何一點已經不堪負荷，請不要再跟自己過不去。

我們難免會對高薪行業投以欣羨的眼神。但是每個職業都同時有辛苦的一面，以及幸福的一面，世界上真的沒有哪個工作是輕鬆愉快的，即使是富二代或是嫁入豪門，都有很多普通人想像不到的壓力。如果只是想要有份穩定工作餬口，編輯可能不太適合。如果你對出版工作懷抱熱忱，請務必讓自己「即使辛苦，但是值得」。

學妹，不要想不開。

關於「出版寒冬」的各種報導，我們都已經看到麻痺了。奇怪的是，依然有許多年輕人對編輯工作躍躍欲試。

我大學念中文系、又是校刊社社長，非常多學弟、學妹都想往出版業發展，我常像在做線上諮商一樣，一一回答他們的問題、給予建議。尤其小我兩三屆的新鮮人，常說是因為看了《重版出來！》、《校對女王》（地味にスゴイ！校閱ガール河野悦子）而萌生想從事這一行的想法。幾年前，也有很多人因為《穿著Prada的惡魔》（The Devil Wears Prada）而對時尚產業充滿嚮往吧！這樣的動機其實很熱血、很可愛。

然而當自己是以前輩的身分，說出的話可能影響到學弟妹的人生道路時，真的不是開玩笑的。誠如本書第一章，我踏進出版業就像是緣分使然，沒有什麼驚天動地的心情轉折，循序漸進的適應這個環境。但這些抱持著美好憧憬的新人，往往因為現實與想像的巨大落差，折損了原先的熱忱，很容易適應不良。這也是沒辦法的事情，畢竟在真的進入業界之前，誰能預期職場現實狀況是如何呢？

有次又收到公司兩個新人的離職通知，感到可惜之餘，突然想看看校刊社的學弟妹最近怎麼樣，結果發現他們送出廢社申請了。那天剛好是冬至。

04

學妹，不要想不開。

學妹！我認識一個當美編的學姊，她也有看你的粉絲團！**世界真小！**

社團學妹,
新人編輯

世界哪有小，

傻傻分不清楚

**是出版界
小啦～～**

而且
好冷

……

妳還年輕，為甚麼
想不開？

年輕真好～

編輯真心話

編輯職災知多少

某次，在我連續三天都被紙割到手時，終於忍不住向人事主管發問：「請問我校對時被紙割到手，可以申請職災補助嗎？」最後獲得了補助──OK繃一枚。幾天後，坐在我後方的總編突然大喊：「我的手為什麼會這樣！」轉過頭就看到她舉起手，血順著指尖的傷口滴下來……而她說完全不曉得是何時、在哪裡、被什麼割傷的，我只能默默遞上OK繃。

編輯工作最常遇到的職業災害，遠不只是常常被紙割到手這麼簡單。最首要的職災，就屬肩頸痠痛了。不只是編輯，所有常要伏案工作的職業都有這個毛病。以前以為認真工作賺了錢，可以買漂亮衣服、做臉做指甲，當個時髦都會女性，結果錢全部都拿去按摩了，真是令人咬牙切齒。

曾經有前輩同事告訴我，十個編輯裡面，有八個會得飛蚊症。不管是在電腦上看稿，還是印出還在紙本上確認，長期下來眼睛的負擔不容小覷。偏偏當編輯的人常常也是愛看書，上班緊盯螢幕，下班在燈光昏暗的文青咖啡店閱讀，不用幾年眼睛鐵定出問題的！

以上的職災只要稍微了解編輯工作內容都可以有心理準備，最可怕的是，我剛報到不到一週時，公司的印務主任就看著我說：「Yuli，我告訴你，在這裡工作，三年後一定會變胖。」

事實證明──三年後我並沒有變胖，反而還消瘦了，只能說每個人遇到壓力產生的生理變化不一樣，但我至今還能在腦海清晰重現印務主任說「一定會變胖」那堅定的表情和語氣。至於導致同事們變胖的原因是令人沮喪的銷售報表，還是垃圾食物，就不得而知了。

05

編輯職災知多少

哦？你是說**你想當編輯**？

面試官 →

那你充分了解這份工作所要面對的**「職業災害」**與**「風險」**嗎？

1. 腰痠背痛，肩頸僵硬

久坐導致的毛病任何年資的編輯皆因此受害。

有蚊子！啊，是我飛蚊症發作

2. 各種眼疾

飛蚊症、青光眼等，好發於從業五年以上的資深編輯。

哇啊！到底是什麼時候割的！

幾乎每天會發生可說是編輯界的共同創傷。

3. 被紙割傷

4. 心血管疾病與肥胖。無法判斷發作原因是銷售報表還是垃圾食物。

看…看了上週銷量後…我的心臟…心臟好痛…呃啊…

撐著點啊！

雞排跟珍奶已經幫你買好了！快點服用！

55

專業知識是什麼？能吃嗎？

　　不管是哪一門學問，學習的知識與必須讀的書，都是由「編輯」做出來的。如果這個編輯能掌握的內容愈專業，就愈難以取代，也有較多籌碼爭取好的待遇。有次我無意間得知一位資歷和我差不多的財經書編輯，薪水比我多了三分之一，非常驚訝。但仔細想想，擁有財經專長的人，大可以去考銀行、去投顧公司找工作，如果待遇太糟當然馬上就走人了。

　　後來那位編輯說，他其實並非財經相關科系出身，只是進入出版業後，因緣際會負責編財經書，原本完全沒概念，只能跟著主編慢慢學習。隨著經驗增加，逐漸做出興趣來，不知不覺鑽研了很多相關知識，還經歷過誤用專有名詞被讀者公審的

黑暗時期，一邊進修、一邊摸索，才有現在這些專業知識。

　　我在進入童書出版社之前，完全沒有讀過兒童文學理論或修過任何相關課程，對小孩子更是一竅不通，第一次去書店講故事時還把場面搞得一團糟。後來跟著前輩辦活動、旁聽專家演講、為了寫文案和導讀大量搜集資料，再加上工作經驗累積，逐漸的也對兒童文學略知一二，能上前線作戰了。

　　有些行業的門票很競爭，從寫人生第一張考卷開始層層篩選；有些行業的門檻很低，但技術和知識都是入行才開始鍛鍊。

06

專業知識是什麼？能吃嗎？

虽然我徵人寫要有工作經驗，**但新人想挑戰我也歡迎喔！**你可以介紹你的學弟妹來試試。

咦，是嗎？我很多學弟妹正在找工作呢！

隔壁總編

你們家的書都是營養學不然就是醫學、養生這類的主題，我們中文系擔心沒有相關專業知識……

可是…

說的也是！我真是多心了！

沒問題啦～～難道有那些專業的人會想來出版社上班嗎？

有點心酸...T^T

MON

01
為什麼翻譯書
總是比自製書多？

Part

4

出版社工作的祕辛、鳥事

究竟書是如何出版的？出版社如何決定要出什麼
書？翻譯書和自製書製作過程有什麼差別？如果
錄取了編輯工作，即將面臨什麼局面？**平凡卻不
簡單，就是出版社工作的最佳寫照。**

11
第一次做暢銷書

TUE	WED	THU	FRI
	02 書是如何出版的？ 翻譯書篇		**03** 書是如何出版的？ 自製書篇
04 逼出來的能力	**05** 誰說學校教的 物理化學用不到	**06** 由愛生恨	
07 作者會錯意			**08** 國際書展期間， 編輯都在幹嘛？
	09 不便參展	**10** 稿子全部一起來	
	12 意想不到的 「專業知識」	**13** 巡店職業病發作	**14** 換封重發的祕密
	15 翻譯別想騙我	**16** 童書編輯限定： 說故事的 know how	

01

翻譯書 VS 自製書

本公司的編輯部，目前有兩位編輯。

編輯A　　　編輯B

原稿交給你啦，畫家是很努力的年輕人，我們也要加油。

總編

好！

編輯A這個月負責臺灣新人畫家的繪本，以及臺灣兒童文學作家的小說。

好不容易才談到這本書的版權，一定要大賣！

沒問題！

編輯B這個月負責日本知名插畫家的繪本，以及知名卡通繪本。

文案全部從零開始無中生有。

書腰要寫日本狂銷四十萬本，還是亞馬遜五星評價，還是……

當然，出包時的痛苦是一樣的。

老師真的很不好意思！這裡是我們疏忽了會馬上修改！

請轉告版權方，我會馬上提供更正版的檔案！真的很抱歉！

一個月後。

首周銷量10本

哇啊！首周銷量200多本！太棒了！

我恨你…

為什麼翻譯書總是比自製書多？

臺灣出版現況是「原創出版品很少，翻譯書卻氾濫」，身為編輯當然也很常被問到這個問題。以下就我個人的經驗與大家簡單分享，到底為什麼大部分的出版社引進外文翻譯書，多於自製原創書——因為自製書真的不好做！

我們先省略與作家從零開始故事發想、交稿、退稿、反覆討論的過程；也省略與國外簽約的過程，直接從素材（文稿、插畫、譯稿）到位，準備執行編務開始。

不管翻譯書還是自製書，都從排版開始。翻譯書基本上是不得大幅更動原書版面（特別是圖文書或繪本），所以都是照著原書去排版。自製書就不一樣了，

美編必須無中生有，難度提高，時間也拉長。有時候排出來的版面不滿意，整個砍掉重練，一個版型的設計，就花掉兩倍以上的工作天。

接著進入校稿潤稿的階段，這階段兩者沒有太大的不同。通常三校（不幸也可能四校、五校、六校）後會把修潤過、排版好的稿件交給權利方（版權所有者）過目——翻譯書就是交給原出版社或作家、經紀人審稿；自製書就是交給作者過目。

這個步驟衍生的麻煩千百種，作者曾經打電話來罵我一個早上，因為他覺得我修潤太多，也對設計不滿意，甚至對字體、字級等細節有其他看法，即使編輯寄出稿件前自信滿滿，也可能落得必

雖然有些事情乍看之下成效有限，
其實藏著更強大的力量。

平衡報導 ↗

你上次那本自製書，賣出中國和韓國版權囉！

太棒了！！

版權部門同事

須頻頻道歉又修改的下場，翻譯書也一樣。這個時候，什麼該堅持、什麼可以妥協，編輯必須在內心迅速判斷，不卑不亢的做出回應。

除了編務外，還有其他例行公事。每個月的通路會報，是非常殘酷的場面。通路的採購對書的評價，都是很坦率地寫在臉上。通常簽下的翻譯書，必定是有相關資訊讓出版社相信值得出版，例如國外的銷量、讀者的評價、賣出多國版權，都是有跡可循又客觀的佐證。一旦通路覺得這本書有機會，可能主動詢問資訊，提供行銷資源；要是覺得這本書是砲灰……就是耐著性子聽你報完再說聲謝謝。

當然，這不代表做翻譯書很簡單，事實上，沒有做哪一種書是簡單的，出版本來就很困難，只是自製書更加考驗耐性。雙倍的時間、雙倍的成本，換來的可能是報表上令人失望的數字。但是，這代表我們要放棄做自製書嗎？

「當然不是囉！」

我們要繼續做、用力做、以超英趕美的力氣做，因為自製書的力量、原創的力量，遠比大家所想的還要強大。自製書的成果可能不會第一時間表現在市場上，它是真正屬於臺灣的作品，是我們可以輸出，證明文化實力的重要產品。

書是如何出版的？
翻譯書篇

向負責的版權代理取得書稿，針對內容、市場、行銷方向等等進行評估。

版權代理發來的書訊、國外出版社主動推薦的書、國外書店、書評、排行榜都是找書的資訊來源。

這本不錯，列入評估…

**Step 1
選書、審書**

有時需要與其他出版社競價。

什麼？有人競價？我這邊沒辦法再提高了…

確定要引進的話，就提出預付版稅的offer（通常是透過權代理提出）。

**Step 2
提報版權offer**

計算機

**Step 3
文書流程**

漫長的簽約、付款等文書往返。拿到工作樣書後，就可以交給譯者翻譯了。

AGREEMENT

原文工作用樣書

圖檔

授權合約

Step 4 譯者交稿

讓你久等囉！

謝謝！好期待呀！

Step 5 龐雜編務

原則是：可以沒賺，但不能賠！

成本控管

錢要花在刀口上，每一個步驟投入了多少資金一定要精算，才能在維持優良品質之餘兼顧基本的收益。

整稿、發稿

稿件初步整理、除錯、名詞統一。發稿給美編或設計師進行排版。

一校

第一次校對，再次進行除錯、修潤，確認版型是否舒適、頁數與開本是否正確等等。

印刷

若有特殊印刷，會與設計師或印務到印刷廠「看印」，確保印刷效果一如預期。

PANTONE 色票

二校

第二次校對，反覆確認要改的地方是否改對，並一再的修潤文字、調整細節。

要是成果不理想，也有可能校到四校、五校，當然是盡量避免…

冷便當

行銷企劃

同時也要規劃行銷。包括設計 DM、網頁 banner，敲定媒體資源專訪與新書發表會等等。

三校、送審

第三次校對，如果沒有問題就會送出讓權利方審稿。順利的話可以馬上定稿，要是對方提出異議，就試著交涉。

打樣

將檔案上傳給印刷廠請印刷廠製作試印樣品，做最後確認。

這裡跟自製書不同！

如果在這個階段沒有把錯誤挑出來，就來不及改了！

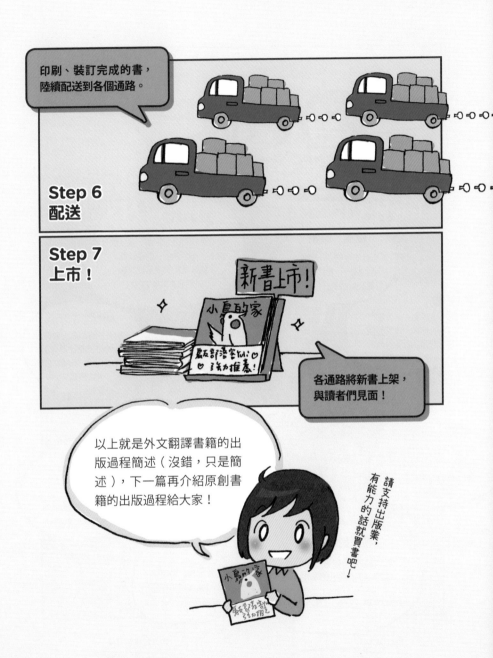

02

編輯真心話

書是如何出版的？──翻譯書篇

常常有人問的「書是如何出版的？」這個問題。其實我在真正入行以前，也會很疑惑到底一本書是怎麼樣變成我拿在手中這個樣子？

市面上的書可以分成「翻譯書（或稱外版書）」和「自製書（或稱原創書）」兩種。兩種書的編輯過程有很大的差異，所以這個系列分成兩篇來說明。

出版一本翻譯書的步驟，簡而言之如下：

選書→取得版權→翻譯→排版→多次校對→送審→打樣→印刷→上市。

所需的時間以我自己的經驗，從三個月到一年都遇過。如果要把這之間的細節全部鉅細靡遺畫出，我大概要出單行本才夠。

最後還是要呼籲大家，有能力的話就買書吧！買書是對作者、對編輯、對所有出版從業人員最大的支持。

03

書是如何出版的？
自製書篇

自製書的製作大概是
怎麼樣呢？

首先，要有點子。來源大致有這幾種狀況。

1 作者提案：作者已經有想法（或作品），直接來向出版社提案。

主角是兩隻鸚鵡在森林裡生活，然後一起去野餐…

好可愛的故事！那可以做32頁的繪本，後面有著色畫…

2 編輯企劃：編輯部想好企劃後，找適合的創作者一起合作。

所以這個系列，我們可以委託A作者寫，B畫家畫插圖，你覺得如何？

總之我負責先去詢價。

先把大致架構規劃出來…

可是我覺得C作者有寫過XX書的經驗，或許會把這個主題呈現的更好。

3 素人投稿：從投稿的稿件中挖掘令人驚豔的作品。

欸欸，

你看今天公司信箱裡投稿的作品，我覺得相當不錯耶。

企劃書

第1、2項的頻率最高。

接下來，就是創作者們創作的時間，編輯要善盡督促的責任。

編輯要在需要時提供協助、一起討論作品盡力為作者提供支援。

有些作者繪圖與文字都獨立完成，又是快手，可以在兩到三個月內就完成作品。

下個月就可以交稿囉！

有些作者是慢工出細活路線，如果作品達不到自己的標準，就會一再修正，有時要長達一年到兩年才會完稿。

唔…嗯…

作家完成文字部分後，才能交給插畫家繪製插圖，因此一部作品的製作時間往往非常漫長。

因為每位藝術家的創作狀況都不同，
掌握出版進度的難度相對提高許多。

接下來～～～開始龐雜編務

※ 編註：作者該校幾次稿？
將自製書的排版稿交給作者校對的次數，會視書的種類（例如：圖文書或純文字書）及內容的繁複程度而有不同，編輯會依各書的狀況先與作者溝通校稿流程。
以本書為例，設計試排好內文版面後，即先與作者討論，試排確認無誤後，設計開始排版，之後的每一校除了編輯校對外，作者也參與每一次的校對，確保書的品質與內容的正確性。

不同於翻譯書有原文書可以參考，自製書是由作者和編輯攜手一起從無到有產出。因此意見不同有時難以避免。

我覺得現在的書名沒辦法呈現出我作品的氛圍，不能改嗎？

編輯小姐你到底懂不懂這本書的精髓啊！？

可是原先的書名無法吸引住讀者的目光啊！

而且也太口語化！

就連通路採購和業務都認為那個書名不夠吸睛啊！

即使如此，我們都知道彼此提出異議的動機是一樣的，那就是：「想讓書變得更好。」

經過來回溝通討論、修改調整，才能做出一本最好的作品，呈現給每一位讀者。

終於印好了啊！好感動！

自製書從開始到出版，所花的時間、成本和心血，往往是翻譯書的數倍。

這也是原創作品製作的辛苦之處。希望大家可以支持臺灣的原創作品唷！

書是如何出版的？——自製書篇

市面上的書可以分成「翻譯書（或稱外版書）」和「自製書（或稱原創書）」兩種。這次說明製作一本「自製書（原創書）」必經的步驟。簡單來說是這樣子的：

企劃→製作→交稿→排版→多次校對→作者看稿→打樣→印刷→上市。

看起來好像跟翻譯書沒什麼太大不同啊？但是製作自製書所需的時間，我經歷過與聽聞到的，從半年到三年都有，為什麼會這麼久？看看上述的圖文說明就知道難度在哪裡。

當編輯雖然偶爾會用到數學，

但物理、化學總不用了吧！

課本

離子化就是原子失去電子的狀態，因為原子本身是不帶電荷的。

必須以「兒童能理解的方式」闡述……該怎麼改稿才好呢？

某T大畢業的同事，正在編一本知識繪本。

好啊！

前輩可以幫我看一下這份稿子嗎？

靠！

我想說如果連你都看得懂的話，小朋友就一定看得懂。

講解「離子化」的那個地方

你在跟我開玩笑嗎？

我只知道少子化！

說好的用不到物理化學知識呢？（居然被當作評估小朋友理解力的參考！）

06

由愛生恨

07 作者會錯意

和年紀相仿的作者共事很開心，

> 我跟你說，我前男友超扯…

> 哈哈哈那算啥，我前男友更誇張他居然……

← 一起去看印

可以聊一些女孩子的話題。

> 我上次做了光療耶，可是太窮沒錢去卸甲…

> 我也是，我打算讓它就這樣留長…

除了工作以外還可以聊穿搭、美甲、八卦什麼的。

> 你自己不是也穩定交往中？把我的書印好比較重要管他長怎樣…I don't care

> 這個印刷廠的業務是我的菜，可惜已經結婚了……另一個廠的就普通。

但有時候一不小心……

08

從早上開始與各國出版社代表或版權代理商面談。早上十點到下午五點多馬不停蹄。

通常在書展A區的各國展位，或是二樓的版權中心進行。

在活動區舉辦新書發表會、簽書會等等各種活動。

一起來！

我是隻小雞
總是啾啾叫

您的孩子五歲，比較適合這個書系，特別是…

喔喔，那十歲呢？

空檔時回到自家展位，協助讀者找書、與顧客交流、看有沒有什麼書賣完了要再補貨等等。

國際書展期間，編輯都在幹嘛？

如果從工讀生時代開始算起，我已經參加過六次臺北國際書展了。我做過場地布置、站收銀、發傳單、查補、叫賣、舉牌繞場、撤場，去過幾十次版權會議、主辦好幾場活動，還代表公司去抽場地的籤（抽到很差的位置，同事們恨死我了），那麼究竟編輯在國際書展期間主要工作有哪些呢？

1 版權會議——這應該是最主要的活動了。當讀者們在展位買書時，編輯們在買賣版權。來自世界各地的出版社或版權代理商，會向各家出版社發出最新書訊，以及面談邀約，並預約時間在書展會場見面。如果你在 A 區的各國展位，看到很多小桌子，那就是版代與出版社面談的地方。這類的面談會議往往排得非常滿！我的排約往往從早上十點開始到下午五點，中間幾乎沒有休息時間。連中午十二點這種時段都有預約。

2 辦新書發表會、簽書會、見面會、講座等——書展提供活動場地，讓各家出版社舉辦各式各樣的活動。在幾個月前就先提交企劃書並登記抽籤。除了企劃活動內容以外，編輯有時也要身兼主持。例如，某一年書展公司有三場活動，一場是同事主辦的新書發表會、一場是與合作廠商一起辦的說故事活動，還有一場是人氣卡通角色的唱遊見面會，就連我也上臺唱歌跳舞了。

3 在自家展位站崗——觀察銷售狀況、協助需要選書建議的讀者、介紹自家出版品、回答讀者問題……身為編輯比較少有機會站在第一線與讀者直接接觸，因此書展展位是能和讀者直接交流的重要機會。

4 與同業交流——每家出版社在展場布置、陳列、案型等都有獨樹一格的地方，四處走走看看，觀摩同業們的成果、大家聊天交流也是很重要的工作。

以上就是簡單歸納後的國際書展工作項目。然而在進行這些工作的同時，辦公室內的編務與行政工作也不能停擺，這就是為何書展展期是出版從業人員一年當中最崩潰的季節。

09

不便參展

改編自真人真事。

快把要參加北京書展的書單給我，我要送去審核了。

我我我

這本改編中國神話故事的小說要參展，麻煩你啦！

← 海外部門同事

書名	審核結果
龍族傳說	
龍族傳說2	

不便參展

咦咦咦！
這不是本來就中國題材改編嗎!?

為什麼～

對方說因為這是改編神話故事，屬於「怪力亂神」所以不行。

啥！

從業以來最費解。

???

???

改編中國神話故事的書不能參加中國辦的書展，因為「怪力亂神」。

編輯真心話

話題新書

中國禁書

龍族傳說

這樣子宣傳怎麼樣啊？
「中國不敢賣的童書」！

我覺得不行。
（總編）

不便參展

　　海外部同事要各出版部提交參加北京書展的書單，因為參加對岸書展的書都必須經過審核。

　　我以為無法通過審核這種事，只會發生在探討中國議題的人文社科類書籍吧？殊不知審核不過的書單上就有我們的童書，上面被寫著大大的「不便參展」。

　　原來是兩本改編自中國神話故事的小說審核不通過，原因是「怪力亂神」。這個審核結果讓我困惑至今。

10 稿子全部一起來

12

意想不到的「專業知識」

意想不到的「專業知識」

很多時候我們以為自己的興趣只是純粹娛樂、沒啥實質幫助的休閒活動，但其實會在意想不到的時候派上用場。

編輯是一門入了行才開始鍛鍊的專業，但其實過去經歷的每一件不相干的事、修的每一門莫名其妙的通識課、看過的某一本搞笑漫畫，都有可能成為你的助力。

13 巡店職業病發作

連假去逛書店。

注目新書

別家出版社的新書
陳列的比較顯眼 →

自家公司的新書
↓

……

換!
↓

小姐!

小姐!

對不起!
但我覺得那本也
很值得注目啊!

**請不要擅自
移動陳列……**

你怎麼知道!

您是編輯吧?
您已經是今天第十位了

換封重發的祕密

在開例會時，
將庫存最多的書拿出來檢討一番。

這本教養書
為什麼賣不好？

江湖傳說，有些
偏方可以治療賣
不好的書。

咦！？

作者是
韓國人

亞洲小女孩

在畫圖

業務部
同事

 換封重發的祕密

「換封重發」是什麼意思？當編輯發現這本書因為封面設計方向錯誤而導致書籍滯銷時，可以採取的補救措施。不能改書名、不能改編號，但可以重做書名標準字、封面插圖砍掉重畫，假裝是一本全新的書，但其實只是換了封面重新上市。

曾經，總編輯想開發親子教養類的書籍，為了在滿坑滿谷的教養書市場中殺出一條血路，我們謹慎的選書，選了一本韓國作者撰寫、理念讓我們十分認同也很有見地的一本教養書，封面選了一個在畫畫的可愛亞洲小女孩，露出純真的笑容。

不過這本書一直賣得很差，我們與業務部同事開檢討會時，業務部同事把友社的暢銷教養書拿出來一字排開，歸納出一本教養書在封面就給消費者「良好印象」的幾個原則：

1 封面最好是男孩

2 封面最好是西洋小孩

3 封面的小孩絕對不能做「畫畫」這種「沒有未來」的事

4 作者必須是西方人，或至少讓人乍看之下以為是西方人

5 書名最好也讓人以為是本歐美翻譯書

編輯真心話

改成這樣，
就會賣了！

書名偽裝成與
歐美國家相關

金髮碧眼的
西洋小男孩
展現可愛樣貌

英國教育

KIM 000-000

作者名字用英文拼音
假裝是洋人

從以上幾個原則可以看整個教養書市場風向就是——非常政治不正確的男性霸權與崇洋心態，這件事讓當時還是菜鳥的我很震驚。以西洋小男孩為封面的教養書稱霸整個教養書界，東方小女孩們完全被壓著打。

撇開崇洋的部分不談，我們猜想原因可能在於社會現況。負責帶小孩的角色還是母親居多，而母親面對女兒，會覺得比較放心，畢竟自己也是女孩子。況且社會普遍認為女孩子就算不具備很強的能力，也不是大問題，安安分分就好，所以不一定要按照書養。母親面對兒子，不知不覺

產生比較多憂心，不知道男生要怎麼教？擔心兒子長大沒競爭力、害怕兒子無法滿足社會期待。所以買本教養書，就算沒有照著書做，至少讓自己比較安心。

討論到這裡就知道教養書市場的操作策略，就是要運用上述充滿刻板印象的心態。身為擁有良心的出版從業人員，我們應該要努力打破這道藩籬、導正這樣不健康的心態，但倉庫裡滯銷的庫存，以及慘澹的業績都是很現實的。書中的內容依然很棒，那還是幫這本書換個封面，重新上市，讓更多家長「無意間」買回這本優秀的書籍吧！

15

翻譯你別騙我！

好，準備開始
今天的商談。

某次和同事受
邀參加辦在高
級飯店裡的版
權交流活動。

商談的排程表

還是背著設計師小姐
設計的那款包，請詳見p206。

每一個外方出版社
都配有一位翻譯人
員，洽談無礙。

不知為何還被
要求合照。

笑一個~

看到很多相當
不錯的出版品。
（圖中是菜單）

我想吃
粗米粉湯。

那我想加
點個
滷筍乾。

為了編出資訊正確無誤的書，
編輯都是半個專家了。
但大多深藏不露……

※千萬別小看編輯

翻譯你別騙我！

　　我學生時代是個不求甚解的學生，每次去學校都要抱怨：「這些知識我一點都不想知道，為什麼要逼迫我吸收知識！」

　　即使如此，擔任編輯時（特別是負責知識類書籍時），為了要確保經手的書籍資訊正確無誤，必須大量查資料、閱讀文獻、向專業人士請益，不知不覺就會累積大量相關知識。

　　別的我不敢說，但這一、兩年我做了整整八本恐龍相關的書，其中四本還是科普類的，經過這八本恐龍書的淬鍊，我絕對比一般人還要了解更多恐龍知識（例如，「蛇頸龍其實並不是恐龍」之類的冷知識。）

　　總之，很多人以為編輯的專業只在於文字領域，但世上書籍百百種，文學、醫學、養生、科普、哲學、社會學……編輯都會成為該領域的半個專家。所以千萬別在編輯面前畫虎爛！

更怕遇到……

空～～～～～～～

幹！

What the fxxk

（真心話可以直接講出來）

Part

5

溝通的奧義

講話與寫作，是一體兩面的。所有與文字為伍的職業，講究的都是「溝通的藝術」。當然，我們不一定要八面玲瓏、長袖善舞，最重要的是讓自己能運用溝通的藝術，完美破解眼前每一個任務。

TUE	WED	THU	FRI
		01 一切補救都是 為了公司！	
			02 催稿不簡單
			03 掌握技巧一秒完稿
		04 出版不可言功利	

01

編輯真心話

一切補救都是為了公司！

每個人都有眼殘、手滑的時候，我就曾經在下再刷單時，手誤把800本的印量寫成1000本。一直到書印好、送進倉庫點貨時我才赫然發現多出了200本。這下可好，每一本書住在倉庫裡，都是要付倉儲費用的！當下我腦中閃過千百種解決方法，包括自己買下200本送給偏鄉小朋友、請印刷廠把200本拿到我家地下室放等等……最後沒有別的方法，只能向老闆自首。

沒想到過了兩年，我同事發生了一樣的悲劇。根據我過去的經驗，跟老闆告解

自己出的包時，有幾個原則必須注意：

1. 不為自己找任何藉口。
2. 讓老闆知道你之所以一心想彌補，都是為了公司（而不是擔心自己飯碗不保）。

同事按照我的建議寫了自白書，很順利的並未受到苛責，老闆還很欣慰團隊可以互相信任，一起解決問題，而不是隱瞞過失。我則是獲得了「道歉王」這個不是很令人喜悅的封號。

02

催稿不簡單

1. 溫柔的催稿

喂，某老師嗎？
不曉得下周要交稿
的作品還順利嗎？

沒問題，
下禮拜見！

好的！

→ 作者非但沒交稿，
還帶了在別家出版社
出的新書來相送。

原…原來如此！

哈哈那接下來
我們家的書也要
請您多關照…

你不知道某社的
編輯多兇啊！
嚇得我趕緊交稿…

不像你的聲音那麼
輕輕柔柔，我就想說
慢慢寫呀……

← 作家

2. 兇狠的催稿

很多讀者都在
等老師的作品！

出版日期
已經決定好了，
老師請一定要
準時交稿！

否則大家都會
很困擾的！

（尖叫）

……

→ 作者還是沒有交稿。
還針對你的情緒管理
說教一番。

創作的事情難說嘛。
是你的就是你的。

年輕人別
毛毛躁躁…

編輯真心話

催稿不簡單

催稿是編輯工作裡,比較為人所知的一環。作家都會說被編輯「追殺」,只要拖欠稿件,很快信箱就被塞爆,還可能有奪命連環call(現在應該是LINE)。編輯則覺得被作家「暗殺」,如果很不幸的這本書已經排進出版計劃,那拿不到稿子,當月業績就要開天窗啦!所以除非是已經十拿九穩,否則大家都不敢貿然把還沒看到影子的書稿排進年度計畫中。

從業四年來,拖稿的理由遇過百百種,有作家從公司剛成立那年,就答應總編要畫一本繪本,畫到現在公司已經邁向第八年,書還沒出來。我以為這位老師已經放棄,但他每一年都會帶著作品來討論,原來確實正在進行!只是非常緩慢。

還有另一位作家,說好十月交稿,九月中時打電話來,用沉痛的語氣說:「對不起,我食言了……」接著語氣一轉,說:「本來說好十月交稿,但我九月就畫好了!」第二天就收到了稿件,這樣的神人老師也是存在呢!

109

掌握技巧一秒完稿

　　我有好幾位長期合作的美編與設計師，他們不會和編輯一起在辦公室上班，而是在家或自己的工作室中，透過網路和編輯一起工作。

　　這種時候溝通變得很重要！雖然編輯同事每天相處很有默契，講個很抽象的東西對方也能馬上領會，但同樣的話如果直接告訴美編，他可能會完全不了解我們在說什麼。

　　因為不是常有機會面對面討論，加上你絕對比美編更了解你的老闆在講什麼，所以我們會將要向美編表達的意思盡可能具體化，例如總編說「這個底紋要有自信一點」，跟美編說就要換成「陽剛、幾何、不要零碎」，如果可以找出類似的設計讓美編參考，就更好不過了。

　　如果忽略了這點，溝通起來容易雞同鴨講，做出來的東西完全不是自己預期的，那麼加班到深夜就無法避免了。

掌握技巧一秒完稿

編輯真心話

出版不可言功利

　　在出版社待了一陣子，很快就觀察到一個有趣的現象——大家都極力避免被認為「想賺錢」。事實上，身為一間公司，需要有盈利是理所當然的，但出版社卻不希望被以為「有賺錢」。

　　剛開始撰寫臉書貼文的時候，寫了「賣得很好」，就被老闆要求修改，改成「受到很多讀者的喜愛」，「必買」改成「必備」，「販賣」改成「推廣」。有一次，我在公司粉絲團撰寫一些關於編輯室趣味小故事的專欄，我提到同事為了提升銷量，

絞盡腦汁設計行銷方案，也被主管說，要把「提升銷量」改為「讓更多讀者看見這本好書」。

　　這些要求乍看之下顯得很不合理，但這反映了出版社的特殊性質。因為我們肩負著傳遞知識的使命，販售的還是作者用靈魂創造出來的作品，若還想從中「得利」，那就是千夫所指的「邪惡書商」了。

　　如果想要習得「換句話說」的能力，來出版社當編輯、做行銷，保證你可以成為大師。

04

出版不可言功利

如果從事別的產業，你賺錢會被表揚。

但如果你做出版，就會被撻伐。

Part
6
一句話被惹毛

點開我和同事的對話紀錄，每天的開頭都是：「我快氣死了！」然後我問其他行業的朋友，他說：「我也是！」其實所有的誤解、衝突、猜疑都源自於不了解，**本章整理一些讓編輯理智斷線的原因，請大家先詳閱本章，再跟編輯朋友對話。**

TUE	WED	THU	FRI
		01 一句話惹毛 自製書編輯—— 編輯的角色	
		03 一句話惹毛 童書編輯	
		04 在印刷廠 一句話惹毛編輯	

117

同時也要撰寫文案。
包括封底文、書腰、封面、摺口、文宣DM、網路書店會露出的文案。

向社內同仁以及各通路採購簡報新書內容、行銷構想等。

一個月最多會有五場會報。

通路採購或是業務部

除了挑錯字，還包括文句修潤，抓出邏輯謬誤、標點誤用。
童書還要校對注音，翻譯書要避免錯譯，通常會熬夜做這件事。

大家普遍認知的編輯工作：校對。

新書印好送入倉庫，覺得終於告一段落——才怪。

 FB 粉絲團宣傳

 寄送公關贈書

 簽書會

 報名各種獎項

 申請每一筆費用

 上電臺介紹書

 到各書店講故事

還有各種要處理的雜事
以及例行打書活動……

一句話惹毛自製書編輯——
編輯的角色

「文，作家寫好了；圖，畫家畫好了，那你到底要幹嘛？」

相信有非常多編輯都曾因這句話氣到發抖（特別是自製書編輯），因為一般人不會特別去想，32張全開書稿，以及一個word檔，是怎麼變成一本精美的書陳列在書店裡。上述的故事協助大家瞭解編輯的工作內容。

而一位編輯，多半要同時處理兩到三本以上，正進行到不同進度的書。

編輯最吃重的工作，其實是從作者寫好、畫家畫好之後才開始。

02

一句話惹毛自製書編輯——
書的成本結構

我版稅才拿10%，
你們出版社拿90%
不會太多嗎？

唔。

對作者要有禮貌
比在後面。

隱性成本
編輯薪水、辦公室水
電、租金、相關部門
人事成本等。

首先來了解：

定價×印量×版稅率＝
作者版稅

合約

最常見的版稅行情是10%。
（新人作家可能少一點，暢銷作家可能會多一點。）

以一本定價250元，首刷兩千本的書來說，
作者寫作這本書的所得為：
250元×2,000本×10% = 50,000元

那剩下的90%呢？

基本上用在這些地方↓

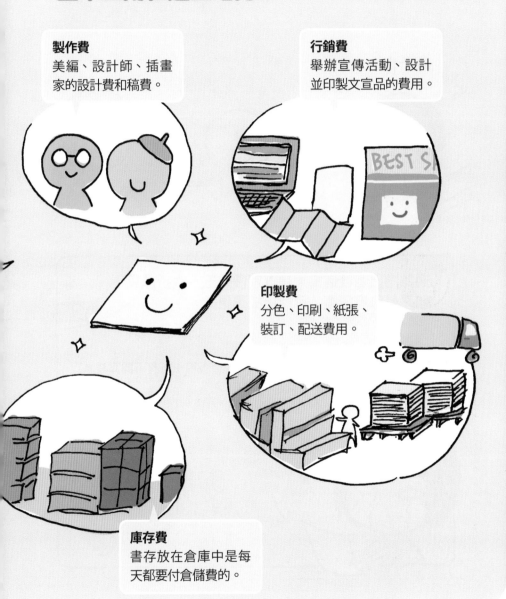

製作費
美編、設計師、插畫家的設計費和稿費。

行銷費
舉辦宣傳活動、設計並印製文宣品的費用。

印製費
分色、印刷、紙張、裝訂、配送費用。

庫存費
書存放在倉庫中是每天都要付倉儲費的。

除此之外……

通路向出版社進書，是以定價的五～六折進貨！
如果是政府標案，可能折扣還更低。

理論上出版社實際的收入是如此：

$$250 \times 10\% \times 2,000$$

假設首刷2000本

250元×進貨折扣×2000本－（作者版稅＋所有可計算成本）

而且這是必須把首刷兩千本都賣完才拿得到的收入！

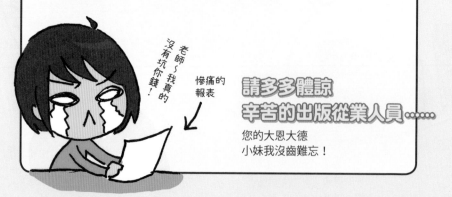

請多多體諒
辛苦的出版從業人員……

您的大恩大德
小妹我沒齒難忘！

一句話惹毛自製書編輯——
書的成本結構

「我版稅才拿10%，你們出版社拿90%，不會太多嗎？」說真的，編輯和作家絕對是命運共同體，但再怎麼親密的戰友也鐵定有想掐死對方的時候！然而衝突往往起源於不了解，讓我們來看看，出版社真的剝削作者，牟取暴利嗎？

以上述圖中的版稅計算方法，書籍出版後，作者會拿到預付版稅。因此作者也能透過每年領到的版稅約略判斷自己的書賣得如何。

對作者來說，這筆版稅就是他的收入，直覺會認為對出版社來說也是如此，那出版社的收入難道是作者的九倍之多嗎？太過分了！

事實上，這些錢，是要用在支付製作這本書的所有費用的。製作費、印製費、行銷費，包括給作者的10%版稅，是可以明確計算的直接成本。出版社在決定書籍定價的時候，這些直接成本就是衡量的依據。同時，還會有無法明確計算的間接成本。例如編輯的薪水、公司營運所需的各種支出、水電，以及編輯最害怕的庫存費用。沒賣出去（或等著被賣出去）的書住在倉庫裡，每一天都要付租金。倉庫租金通常是用體積以及存放時間計價，也就是每過一天，這本書的成本就會增加。

還有一件事情，非業界的人應該不會留意，就是通路或是經銷商多半是以定價的五折到六折左右向出版社進貨。所以出版社的獲利，比想像中又更少了。大部分的通路是「寄售」，賣斷的狀況還是有，但很少遇到，所以並不是通路進貨多少就是出版社賣了多少，賣不完，甚至已經破損的書最後還是會退回給出版社。所以，出版社到底有沒有坑作者錢？

「沒有！」

當然，我也耳聞過無良的出版社和作者簽不平等條約，也看過有作者擔心自己被剝削而處處刁難編輯。無論拿到任何一份合約，都要仔細讀過（能找有相關專業的人幫忙看是最好），雙方對合約有任何疑慮要在簽下去之前先溝通好，避免事後的互相猜測與攻擊是最棒的。

03

一句話惹毛童書編輯

禁

千萬務必
不要輕易嘗試

當童書編輯比較
輕鬆吧？字那麼少！

真羨慕

理智斷線

你知道「故事」的
「事」注音
是輕聲嗎？

你知道「對不起」
的「不」注音
是輕聲嗎？

你知道全彩印刷
的精裝成本多高，
毛利多低嗎？

你知道我一個月
編幾本書嗎？

不然你來
做做看啊！

沒有啦…
要留意的細節比想
像中的多呢……

然後我們還不能
隨便幹譙。

03

編輯真心話

一句話惹毛童書編輯

我時常深切的檢討,到底是我太容易被惹毛,還是這些話真的很惱人,後來與其他同業討論過後,大家一致認為這些話真的很惱人!

童書雖然頁數少字數少,但要注意的細節並沒有比較少。以下整理當童書編輯崩潰之處:

1　校對注音很崩潰,很多字的注音跟你想像的不一樣!比字本身更難除錯,更別說教育部常把讀音改來改去。

2　除了通順以外,還要留意用字行文是否適合兒童閱讀,必須難易適中、趣味生動。

3　彩色印刷且多半精裝,印製費比黑白的平裝書高很多,同時因為頁數少,定價較難拉高,所以毛利一不小心就會很低,難以損益兩平。

4　讀的人是小朋友,但買的人是大人,在行銷時要考慮的因素往往讓人一個頭兩個大。

5　雖然不是老師,但肩負著教育兒童的責任,在任何場合包括網路上,必須維持正面的形象,讓家長信任我們的出版品質。

6　開本千奇百怪,在裝箱和上架時很困擾。

事實上,每個工作都有很辛苦的地方,「別人的工作比較輕鬆」這類的話在職場上還是避免說出口,如果換你來做,你也不見得做得好呢!

127

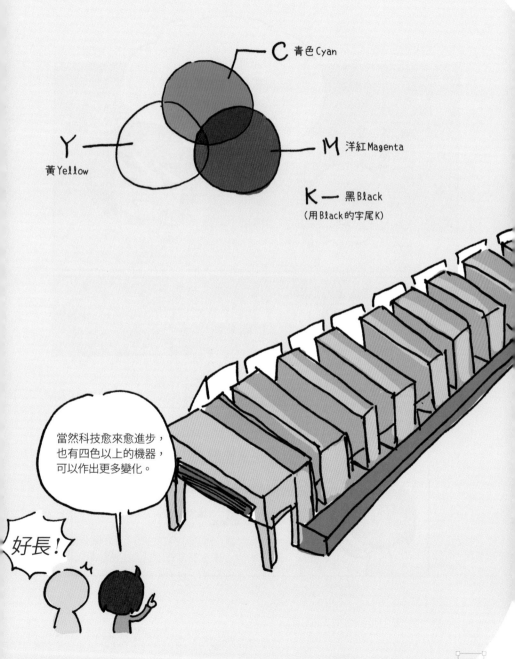

C 青色Cyan

Y
黃Yellow

M 洋紅Magenta

K — 黑Black
（用Black的字尾K）

當然科技愈來愈進步，
也有四色以上的機器，
可以作出更多變化。

好長！

以下畫面涉及暴力兒童不宜觀賞

很重要，再說一次。

印刷看的是整體呈現的效果，

不要再問為什麼無法和原稿印得

一模一樣了！ 懂了嗎？

在印刷廠一句話惹毛編輯

「我明明只是用普通的水彩畫,為什麼印刷廠沒辦法印得一模一樣?」這是個好問題,因為印刷廠不是用水彩印刷,印刷用的是油墨。

很多創作者會很在意印刷出來的成品,與一開始手稿有差異。有時候這是無可避免的,這世界上畫材百百種,但一來到印刷廠,全部都是用油墨模擬。

最基本的印刷機就是四色機,也就是青色、洋紅、黃色、黑色,英文簡稱CMYK。剛入行時背不起來,每次都是用BRYK記,還被印務嘲笑。也有四色以上的機器,例如五色機,我還看過新潮的八色機。

簡單來說,除了基本的CMYK以外,若你某個地方想用「特別色」印製,就可以用四色以上的機器印。「特別色」就是直接指定色票(例如大家耳熟能詳的Pantone)上的顏色。

還有一些我稱為「外掛」的方法來提高效果,例如「螢光墨」!曾經遇到畫家用非常鮮豔的顏料繪製人物的臉,為了如實呈現人物發光的臉蛋,在洋紅油墨裡加入螢光墨,成功讓人物的膚色如原稿般鮮豔又光澤閃亮,當然成本也是跟著提高。

印刷是一門很高深的學問,絕對不只是「把書印出來」這麼簡單,能印得與原稿很像當然最好,但整體色調是否有偏紅或偏黃?呈現的色調是不是這本書要表現的氛圍?這樣全盤的考量,才能大大提升印刷的品質。

Part

7

折損腦力的文案撰寫

雖然愛因斯坦說：「如果你無法簡單說明一件事，就表示你對它了解得不夠。」但編輯們往往只是缺少靈感。**在重視網路行銷的時代，成也文案、敗也文案**，你絕對想像不到，想用兩三句話詮釋一本書，是多麼困難！

03
點到手指抽筋，
依然無法成金

06
這篇導讀，
需要有人幫我
導讀。

TUE	WED	THU	FRI
	01 寫文案不簡單之 修煉心法		
			02 超崩潰之 系列書文案
14 什麼要做書腰？		**05** 想個書名那麼難	
			07 靈感從哪兒來？
		08 靈感總在出版後	

寫文案不簡單之修煉心法

要如何檢視自己寫的文案是否精彩呢?

編輯小姐的
文案心法
☆ PART 2 ☆

哇賽,這次文案簡直是巔峰之作!

拿起另一張紙,重新思考一番後寫下更厲害的文案。

接著,想像這個文案,是你最討厭、最看不順眼的那個同事寫的。

幹!寫這樣也不過爾爾,唱秋個屁啊!

啥?

重寫!

編輯小姐的
文案心法
☆進階版☆

如何在沒靈感時，
重建寫文案的信心？

拿出以前寫得
最滿意的文案。

天啊！這些感動
人心、精彩絕倫的
絕妙文案……

是哪個天才
寫的？

將這些文案展示起來，
後退一步欣賞，問自己：

是我！！！
我簡直就是
文案王！

我是天才！

自信回復
100%

01

編輯真心話

這文案說30天保證多益考900分，那我就先買下來，考前30天再開始看就好了。

你是當過編輯的人，為什麼會相信？

寫文案不簡單之修煉心法

　　我知道坊間已經有很多教大家怎麼寫文案的工具書，我也為了提升自己撰寫文案的技巧，拜讀了不少。但書本只能教你掌握原則，箇中精髓還是只能自行領會，畢竟每一本書的目標讀者不同，更別說各行各業之間的差異了。文案的修煉之路漫長，運用前面分享的三個寫文案的心法，用最嚴苛而不近人情的方式檢視自己的文案作品，就有機會成為人人稱羨的文案王。

超崩潰之系列書文案

做系列書有個好處，就是通常版型、設計、整體風格都在第一集大致底定，續集只要做一些細節或配色變化，不會太複雜。

唯一痛苦的只有文案。我每次看到有出版社出五集以上的系列作，都發自內心覺得敬佩，我覺得我到第三集就已經腸枯思竭，到底其他編輯是如何編那麼多集，還有源源不絕的新梗寫文案啊？

上半年度
業績檢討有感……

一位正在點石成金的編輯，可惜沒有成功。

點到手指抽筋，依然無法成金├

大家都知道行銷的重要。每次在業績檢討的月會，被狠狠檢討一番之後，都告訴自己要發奮努力思索下一次能做什麼努力，才能將書點石成金、一口氣拉抬出版氣勢。身為編輯當然不會放棄任何機會，每塊「石頭」都會給它狂點一番。

我曾經負責一本書，是日本大大暢銷的唱遊繪本。除了作者的人生故事很吸引人、畫風非常奔放獨特之外，書中還搭配了一首兒歌，網路上可以免費看到這首歌的MV。這是一本自帶行銷素材的書，我們決定大鳴大放的行銷一番。在書籍製作時，我們委託音樂公司譜寫中文版歌詞、拍攝中文版動畫影片，出版的同時推出「說故事＋帶動唱」新書發表會，搭配在書店大量張貼的文宣，一時

之間網路聲量熱鬧得不得了，影片被大量轉載，網紅主動撰文推薦——就在我們以為即將大賣的時候，收到的銷售報表卻讓人失望不已。

而有另一本書，是在日本默默無名的書，當我們提出對這本書的版權有興趣時，日本出版社代表還說：「咦？我們有出過這本書嗎？」出版本書時，公司才剛成立沒多久，既沒有行銷資源，也沒有人力可以辦活動，就這樣上市了。或許因為主題是「蛀牙」，很多孩子開始長牙的家長口耳相傳，這本書竟然變成暢銷書，時至今日，每年都有數千本的銷量，連我們自己都嚇一大跳。

所以，行銷手法真的能點石成金嗎？可能問題還是出在石頭本身吧！

為什麼要做書腰？

書腰這玩意，我書一買回家就馬上丟掉了，你幹嘛花錢做這個？

會講這句話的人多半有買書習慣，編輯不忍苛責。
但還是要解說一下，為什麼要做書腰？

← 受傷舉不起來

真的出這種書
應該沒人要看吧 XD

封面，書的門面。
呈現書名、作者、主要文案等重要資訊。多半會設計與內容相得益彰又吸引人的封面。

書腰，與消費者最直接的溝通媒介。
呈現行銷文案、得獎紀錄、推薦人、簽書會日期等等，較有時效性或廣告性質較重的資訊。

書腰並不是書的本體，比較接近文宣，主要任務是告訴讀者這本書多麼值得你把它買回家！

哇！

這本書有很多出版業意見領袖推薦，感覺蠻不錯的。買回去看看好了。

基本上只要讀者因此把書買回家，書腰就算任務達成，功德圓滿了。

雖然這麼說很心痛，
但任務完成的書腰，你要殺要剮隨便你。

簡單來說，「很重要、希望讀者能一眼就知道，卻不適合直接印在封面或是封底」的資訊，就可以利用「書腰」來處理。

書腰可以拆，如果有新的得獎資訊或是累銷量驚人，也能設計新的替換。

必須有廣告效果，又因為和書的本體綁在一起，必須兼顧美感與一致性，因此書腰的設計與文案撰寫，常常是讓編輯最頭痛的。

不管你買書是不是因為書腰，都不要再對編輯說：「你幹嘛做這個東西浪費錢」這種話了！

但真的非常感謝您購書，買書是對所有出版從業人員最大的支持！

請支持編輯小姐的新書

04

編輯真心話

為什麼要做書腰？

某天，編輯小姐終於搞定一本書的書腰，筋疲力竭的回家。剛買了很多本新書的老爸揮著破破爛爛的書腰問編輯小姐：「你們到底為什麼要做這個東西啊？不好收，翻的時候又一直掉下來，我都直接丟掉！」

身為女兒，深吸一口氣後，對老爸好好解釋。我已經不是第一次聽到有人嫌棄書腰了（我自己看書時也覺得書腰很煩），但書腰真的是有必要存在的！只是大家都想錯了，它不是書的一部分，而是和書一起出現的文宣。

一本書往往有很多重要的宣傳文案與相關資訊，但如果全部印在書封上會很醜，印在封底的話，不翻過來又看不到。這時，書腰就是最好的選擇！只要看到書就會看到書腰，同時也看到上面的資訊。所以，編輯做書腰絕對不是在浪費時間浪費錢，尤其是在實體通路上，書腰有一定的效益存在。

145

取書名大挑戰 START！

啊～好想再睡一覺喔

左想右思

好想出去玩

左思右想

晚餐要吃啥

肚子餓了

開頭可以用：「我的第一本⋯⋯」

某某出版社用過了！

這本書提出截然不同的觀點，不如叫「翻轉⋯⋯」

也有人用過了。

裡面的知識很特別，可以用「學校不會教的⋯⋯」

「最想知道的⋯⋯」當作開頭不錯吧？

老套了！

爛。

那「一邊玩、一邊學」有人用過了嗎？

有啊！

第一回合進度：0

HP

147

編輯真心話

想個書名那麼難

很多人不懂為何出版社要花那麼多心思想書名，尤其是翻譯書，為何不直接沿用原文書名呢？這當然是考量到國情不同，同樣一本書在不同國家出版，往往封面、開本、書名、文案訴求都差很多，這就是一本翻譯書的在地化，以當地的流行語、文化、時空背景去詮釋書籍，是非常困難又有趣的事。

常常看到有人把雷同書名的書擺在一起拍照，例如《XXX的勇氣》、《老師不告訴你的OOO》，大家都「哈哈哈好誇張」笑一笑就過了，但這件事對想書名的編輯來說真的很痛苦——因為動不動就撞書名啊（當然直接拿別人的書名來沿用的不在此列啦！）！

149

06

這篇導讀，需要有人幫我導讀。

這個故事好深奧，可能要麻煩某某老師寫一篇導讀。

文學性較重、寓意比較深刻、比較難懂的書，我們多半會邀請專家學者撰寫「導讀」，用意是「引導讀者閱讀、理解這本書」。

充滿諷刺與隱喻的小說

這篇導讀，需要有人幫我導讀。

當一本書的寓意較隱晦、創作背景特殊、有功能性、涉及專業知識，或是提出來的觀念較獨到、新穎，我們認為有必要另外拉出來解說，就會在書中加入一篇導讀。舉例來說，一本以「挑食」為主題的繪本，我們可能會請營養師撰寫一篇導讀，告訴家長我們可以怎麼透過這個故事，引導孩子正確的飲食觀念。如果有一位作者創作技法特殊，我們可能會請臺灣研究這位作者的學者撰寫導讀，告訴讀者哪幾頁可以發現作者的哪些小巧思。其實你可以幫任何一本書寫導讀，只要你找得到它特出的地方。

「導讀」講白話點可以說是「書的使用說明書」。它幫助讀者了解手中這本書的特色與重點，照理說應該要寫得淺顯易懂、平易近人，對吧？我剛開始上班幾個月後，編到一本書邀請了某位名家撰寫導讀，總編把稿子交給我要我修潤，我想說是頗具聲望的老師寫的，不會有什麼太大的問題吧——才怪！我拿到的是一篇夾雜了很多專有名詞、更難理解的文章。我知道這位老師是真心在介紹這本書，只是他剛好用意識流的方式闡述他對這本書的熱愛。

我不得不大刀闊斧的調換段落、把多餘的句子刪掉、改寫重點句，最後產生了一篇與原本90%不同的導讀。戰戰兢兢

這篇導讀好深奧，需要有人幫我導讀……

但專家學者寫來的導讀，常常比書本身更難懂。

名家導讀手稿 →

的擔心老師會不高興，寄給老師之後，老師只回了一句：「沒問題，你改得很好。」

混了一陣子後我也了解，有時候請名家撰寫導讀或是推薦文，重點不在於文章本身，而是附加價值：老師的學生因為看到有老師的文章而購買拜讀、名家的粉絲因支持而購買、權威的學者掛名讓消費者相信這本書有品質保證——能把書賣出去，才是請這位老師寫這篇文章最大的功能。

這麼說或許很失禮，但邀請名人寫導讀，真正需要的其實是對方響亮的名字與影響力。

書寫得再好，若不能吸引讀者購買閱讀，又有什麼意義呢？在兩年來邀請專家、學者、名人甚至部落客寫導讀與推薦文的經驗中，有必須大改的，更有一字也不需更動的完美作品。我們費心把老師的意識流寫成易讀又實用的文章，是發揮編輯之力，把「找名人寫導讀」的價值最大化：借助名人的權威與力量提升書本的市場競爭力，同時確保讀者可以讀到最完整、品質最優良的作品。

這是一份失敗了檢討自己，成功了榮耀歸於他人的工作，如果想要肯定一本書，或是為身在幕後的編輯拍拍，最好的方式就是把書買回家。

07

靈感從哪兒來？

靈感哪裡來？

作家受訪時很常被問到：「老師是怎麼獲得創作靈感呢？」他們多半會煞有其事的回答「時常留意身邊的小細節」、「汲取日常生活中的吉光片羽」之類的。很多作家都會抱怨這題目很煩很難答，但對一般人來說真的會好奇嘛！

我偶爾也會被問到寫文案的靈感哪裡來，或是創作粉絲團的靈感哪裡來，我都很誠實的回答：「大便、尿尿和洗澡的時候，就會突然想到。」

後來朋友告誡說：「這樣聽起來很不專業，不可以這樣講話！」

被朋友警告後，我都改口說：「創作的靈感，在生活與工作的空隙中俯拾即是。」但意思還是一樣的，就是在大便、尿尿和洗澡的時候。

編務進行中……

白旗

腸思枯竭，
毫無靈感，
文案寫不出來。

有一天，
突然文思泉湧！

書腰文案
那樣寫！

書籍簡介
這樣寫！

封底文
那樣寫！

書名這樣改！
so easy～

可是書都
已經印好了耶…

吵死了。

可是，
靈感總在出版後……

靈感總在出版後

有一個現象我稱為「編輯的詛咒」，就是不管送印之前寫了多好的文案，印刷完總是可以想到更好的，然後就在悔恨的情緒中，目送這本書鋪貨到各家書店。幸好這個年代我們有網路社群，所有遲來的好點子都不嫌太晚。

Part

8

校對、改稿是種修行

工欲善其事，必先利其器。編輯改稿有一套專屬的符號，工作還有一組必備工具。習得這組通關密語、備齊這些基本用具，你就是加入新手村的編輯，開始面對第一個挑戰：改稿。祝各位好運啦！

MON

01
改稿利器

03
校對SOP

TUE	WED	THU	FRI
			02 解密改稿符號
			04 校對總在出版後？

01
改稿利器

1 編輯最可靠的戰友
手搖飲料

> 工作這麼辛苦，就算正在編一本瘦身書，喝一杯也是情有可原的！

痛苦校對時來一杯激勵自己；
工作出包時來一杯安慰自己；
新書上市時來一杯犒賞自己。
飲料是我職涯中
不可缺席的戰友。

2 編輯堅強的後盾
字典

> 如果有讀者質疑錯別字，馬上讓對方知道編輯校對是有憑有據，大大提高專業度與說服力！

校對不能沒有字典。
只要有一點點疑慮，就必須翻字典確認，
絕對不能自己說服自己，要讓字典來說服
你。如果發現這個字詞有爭議，以教育部
字典為標準是最安全的！

3 編輯首要的戰鬥工具
紅筆

石原聰美在〈校對女王〉裡
使用的紅色鉛筆，在現實中
其實少有編輯會用。

寫錯可以直接擦掉的
擦擦筆，因為省去使
用修正工具的麻煩，
越來越多編輯愛用。

便宜的油性筆，
大概10元左右。

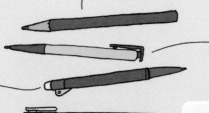

文青編輯愛用的經典款無
印良品紅筆，缺點是墨水
過了一段時日會褪色。

> 選擇最順手的紅筆，
> 發揮最強大的功力！

4 翻譯書編輯必備
原文書

雖然我們有譯者負責翻譯，但校對時一定
要有原文書在手邊。
一旦發現文意怪怪的、好像有翻譯錯誤的
地方，可以馬上對照確認、和譯者討論。

就算自己一個字都看不懂，還是要擺在手邊，
起碼譯者不在時還能用google翻譯先自救一下。

---

5 現代編輯的外掛工具
電腦

只要有網路，幾乎沒有什麼問題是不
能解決的。電腦帶著走，每個地方都
是你的辦公桌。好處是工作的地點可
以很彈性，壞處是常常隨時都在工作。

有時只要有智慧型手機，
連電腦都不用帶呢！

---

6 編輯第二戰鬥工具
彩色標籤貼

便條式的標籤貼，好處是可以在上
面寫字，清楚說明要改的地方。
缺點是用完就要丟棄無法替換，比
較不環保。

膠帶式的標籤貼，幾乎是每一
位編輯辦公桌上必備的工具。
通常一組有四種顏色，方便從
一大疊稿件中標示出不同類型
的修改，內帶用完可補充。

標示修改處的標籤貼，雖然不可或缺，
但總是希望越少用到越好……

解密改稿符號

REPORT

這個符號得意思是改掉錯別字。

如果想把過度多餘的冗詞贅字拉掉，就這麼做。

這個符號則是調換順序文字。

移動文字或句子的位置，可以用這樣的方法。

想要增補的話，就用這個符號。

改完後悔了，就打個三角形表示還原。

這是編輯小姐從大學愛用至今的油性筆，在文具店以9元購入，**俗稱：「窮筆」**。

有時候落版時發現文章格式跑掉，例如開頭沒有對齊，就可以用這樣的標示來請排版公司或美編協助調整。

如果想把這一行往右移，就這麼做。

由於太長的段落會讓讀者閱讀不易，版面也顯得擁擠。想把一段長長的文字分成兩段的話，就使用這個「另起一段」的符號。

但是如果段落太短，有時會讓版面顯得零碎，必須合併段落。
此時就使用這樣的符號來表示。

改用黑體

為了區分是「說明」還是「改稿」，可以在說明文字下畫這個小圈圈。

03

校對SOP

校稿不只是「挑錯字」這麼簡單而已，要留意的環節非常多！我整理了一個簡單的校對SOP，讓大家了解一下所謂「校稿」大致有哪些環節要注意呢？

魔鬼藏在細節裡！

以二校的稿子為例

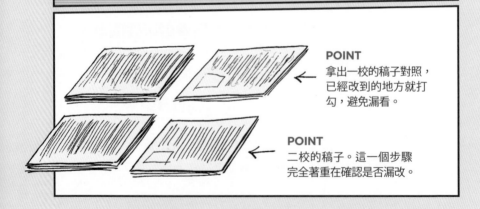

1 拿到美編或排版公司改好送回的稿件後，首先就是要確認「該改的地方是否全部改到了」。

POINT
拿出一校的稿子對照，已經改到的地方就打勾，避免漏看。

POINT
二校的稿子。這一個步驟完全著重在確認是否漏改。

2 校對目次頁碼是否正確，並順過全書頁碼。

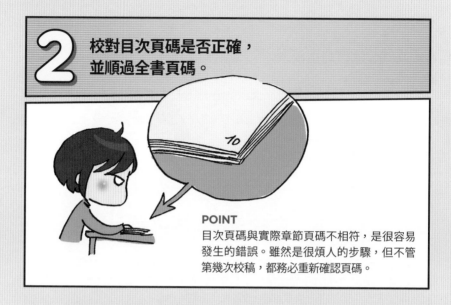

POINT
目次頁碼與實際章節頁碼不相符，是很容易發生的錯誤。雖然是很煩人的步驟，但不管第幾次校稿，都務必重新確認頁碼。

3 校對目次上的篇名、內頁中的篇名，以及頁眉上的篇名，是否完全一致。

POINT
頁眉是很容易漏掉的小地方，要注意！

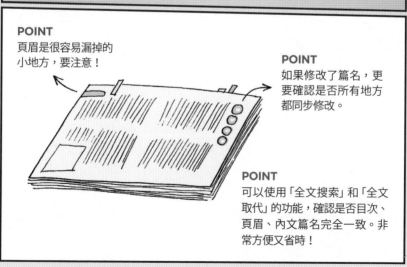

POINT
如果修改了篇名，更要確認是否所有地方都同步修改。

POINT
可以使用「全文搜索」和「全文取代」的功能，確認是否目次、頁眉、內文篇名完全一致。非常方便又省時！

4 全書文字校對。

POINT

整本書從頭到尾，一字一字確認。這個步驟需要心無旁鶩、全神貫注，建議安排在自己精神最好、最少有外務打擾的時段進行。

POINT

如果擔心每次都從第一章開始校對導致看到第十章已經彈性疲乏，可以在下一次校對時，改從最後面開始看起。

5 務必裁成一比一的版型，才能以最接近成品的視覺效果判斷。

POINT

除非開本真的很大，否則盡量以一比一的版型進行校對。特別是封面和書腰，一定要裁下來看，才能看出細節。

6 最後再把全書瀏覽一遍，並確認版權頁、
條碼、定價這些重要資訊是否無誤。

POINT

檢查考卷的概念。或許會有第
一次看覺得沒問題，重看一次
卻覺得奇怪的地方。

POINT

用手機實際掃描一下條碼，
確認沒有錯置。

7 掃描給美編或排版公司修改。

每一本書有不同的校對眉
角，有圖表和數據的書、有
許多年代的書、有照片的書
等等……校對的繁複程度會
隨著書種變化。

以上步驟給大家
當做入門參考。

POINT

校稿是一種修行，且不講究天分，只要不厭其煩且細心，
就可以做得不錯。重點是一個步驟只能做一件事，如果想
同時看頁碼又同時除錯，失誤率會大大提高，萬萬不可！

校對總在出版後？

「校對總在出版後」是編輯的自嘲語，千萬別以為我們真的擺爛到印出來才面對！可是，每一個編輯職涯中多少都會碰到幾次這個「魔障」。一本校對過好幾次的書，明明編輯看過、校對人員看過、總編輯看過、作者看過，最後竟然在印刷完成後發現了一個大錯誤（例如版權頁作者名字有錯、定價標錯、封面錯字），讓所有人都既傻眼又扼腕。更可怕的事，越是自信滿滿的書，越容易發生這種悲劇。

除非是嚴重到必須重新印刷的錯，例如整本書裝訂錯誤，或是內容有嚴重謬誤，否則大家會盡量避免重印。除了成本問題以外，要銷毀的紙張也非常令人心痛。所以真的不行我們就會──動手改。

原本已經印在書腰上的活動場次突然取消，我們只好請印刷廠把兩千張書腰送進辦公室，拿黑筆和尺，花一整個下午的時間畫掉取消的場次。已經印好準備配送的書，發現封底的條碼定價錯了，只好緊急終止配送，加印一張條碼貼紙，把錯誤的條碼遮住。如果是內頁有錯誤，有時會加印「勘誤表」，夾在書裡一起上市，並發聲明公告。

每次焦頭爛額的採取這些補救措施，都一遍又一遍責怪自己：「如果校對的時候更仔細一點就沒事了！」是的，加倍的細心絕對可以減少出錯的機會，但若是不可抗力導致必須補救，只能多做善事、少造口業了。

04

校對總在出版後？

太棒啦！難得敲到週末黃金時段舉辦新書發表會！

一本年度大書即將上市。

太幸運了！

新書發表會 9/30
銀石堂書店 2F

充分發揮書腰的效用。

而且提早安排，就來得及印在書腰上讓讀者馬上看到。

要加薪了

作者來電。

痾…我突然發現那天要補班補課，根本無法出席啊！能不能換一天？要不然讀者也無法來…

要扣薪了

What the...

書已經印好了。

MON

03
加班的夜晚
搭到幽靈公車

Part

9
辦公室妙趣生活

就算你非常熱愛自己的工作，最討厭、最靠北、最瑣碎的爛事鐵定還是會陰魂不散的出現。**現代人，特別是出版從業人員，如果沒有自嘲和自娛的能力，要怎麼在這險惡的冰河時期，維持健全的心靈呢？**

11
太晚下班趕不上
垃圾車

TUE	WED	THU	FRI
	01 帶便當的時機		**02** 提早下班 只是夢一場
04 輯的連續假期	**05** 網拍總是 被老闆收到	**06** 員工旅遊：許願	**07** 鬼擋牆的代辦事項
	08 代辦事項的詛咒		**09** 編輯哪有那麼正
		10 劇透	
	12 編輯的養顏之道		

01

帶便當的時機

狀況 **1**

賢慧的我用隔夜飯做了炒飯喔！

平常中午都外食的我難得帶了便當，開心的上班去。

結果……

我們要去吃合菜…啊你有便當啊？

真可惜！

……

好寂寞。

狀況

3

又有一天......

中午吃合菜
要+1嗎?

太棒了!
我今天沒有
帶便當,
同事也來
揪吃飯了,

等了一個月,
我的
辦公室社交,
終於可以
有所進展了⋯

結果⋯⋯

忘了帶錢包!

你到底
去不去?

02

提早下班只是夢一場

七月開始報名了平常日晚上七點四十開始的駕訓班。

沒問題。

從明天開始禮拜一到五都要來上課。

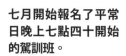

這個月要上駕訓班所以我提早走啦～

這個月不加班

理想

以要上駕訓班為理由，跟主管說這個月都要早退，而且沒辦法加班。

我回來了…

現實

上完課之後，再回來加班。

幫其他加班同事買消夜

← 看不完的稿子

美編在線上等著要調整版面。

加班的夜晚搭到幽靈公車

聽說在農曆七月一日，會有一輛公車靜靜駛過。
車窗裡看不到人，只有一些模糊的形影……

膽子大的人如果仔細看，會發現……

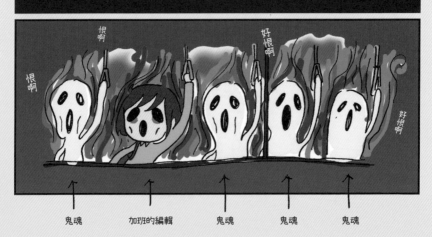

04

編輯的連續假期

經過水深火熱的連續加班，
終於等到久違的連續假期。

哦，你連假準備
要去登山嗎？

很棒的選擇喔！

不是，這些是
我要帶回家看的
⋯⋯**稿子**。

幹！

然後又是久違的⋯⋯
連續「加班」假期（厭世）

編輯的連續假期

以前學生時代，每到段考前一個周末，我就會把肩背書包換成後背書包，把每一科的課本都帶回家開夜車抱佛腳。

現在在連假前夕，我也會把肩背上班包，換成後背包，然後把稿子通通帶回家，趁連假的時候趕進度。

網拍總是被老闆收到

06

員工旅遊：許願

願望實現了，可是…

06

編輯真心話

員工旅遊：許願

前往埃及員工旅遊期間，我們一行人在阿布辛貝神殿前看到了流星。

雖然我抬頭時已經來不及，但還是馬上許了腦中閃過的第一個願望：「希望我可以不用回去上班！」。

這下可好，回程時因為飛機故障，我們全員滯留在香港機場長達九個小時。下午三點抵達香港後，直到凌晨十二點十五分我們才終於搭上往台灣的班機。到台灣是凌晨兩點，回到家已經三點多，重點是⋯⋯第二天還是要上班啊！願望根本沒有實現嘛！

07

鬼擋牆的待辦事項

上班前待辦事項

- [ ] OO教授導讀潤稿
- [ ] XX繪本二校＋書腰組稿
- [ ] 社內會報新書資料卡
- [ ] 贈品詢價
- [ ] 公司臉書po新書宣傳

好！
按部就班，
今天一定可以
準時下班。

下班前待辦事項

- [ ] OO教授導讀潤稿
- [ ] XX繪本二校＋書腰組稿
- [ ] 社內會報新書資料卡
- [ ] 贈品詢價
- [ ] 公司臉書po新書宣傳
- [x] 北京書展書單給海外部
- [x] 用印XXX老師合約
- [x] 請款OO版稅稿費
- [x] 提三本版權的offer給版代
- [x] 處理作者購書
- [x] 與插畫家討論修改的地方

這是怎樣！

因為你眼睛業障重。

08

待辦事項的詛咒

如果在下班之前，
發現待辦事項
全部完成的話⋯⋯

反而會陷入焦慮。

待辦事項的詛咒

當天下班前，發現待辦事項的達成率高達九成，第一個反應不是踏實的「太好了」，而是「幹！我鐵定有什麼事情漏掉了，趕快仔細回想是不是有哪件事沒寫上去沒有做完？是不是沒回電給作者？沒寫信給某某？還是欠總編的文案還沒有交？忘記發再刷還是沒有請款⋯⋯」

陷入了比平常還要嚴重的焦慮中。

08

編輯哪有那麼正

當編輯前的想像

今天要看哪部電影？

提升氣質的配件

平整的襯衫

精緻的首飾

日系針織衫

甜美及膝裙

小巧質感的手提包

專業感窄裙

別緻的鞋

淑女的包

高跟鞋

上班穿搭：知性

假日穿搭：優雅

當編輯後的真相

亂翹

我剛起床

大容量的肩背包

眼鏡搭配黑眼圈

跟平常一樣

上班穿搭：輕鬆

假日穿搭：一樣輕鬆

反正我們約會也是一起看稿。沒差吧？

是啦…

編輯男友

編輯哪有那麼正

當初收到正式錄取通知，確定接下來要在出版社上班時，我上網拍瘋狂下標一堆「我覺得編輯會穿」的衣服。剛上班的一個月天天精心打扮，早上還會拍穿搭照上傳instagram，hash tag「editors ootd」才甘願出門（而且我真的會戴貝蕾帽去公司）。

前三個月我被電得很慘，當我身陷愁雲慘霧跟前輩哭訴「我覺得我不適合當編輯！」的時候，前輩淡淡的說：

「你還是樸素點來上班吧。」

「工作不上手還每天打扮，只會讓老闆覺得你志不在此。」

「依照我的經驗，『美麗的時候出包』和『很醜的時候出包』，絕對是前者會被罵得比較慘。」

「總之，不要讓老闆以為你只是個來出版業玩玩的大小姐。」

當天我馬上上網拍瘋狂下標一堆「樸素又不失格調」的服裝，而每次意識到要被罵了，第二天都會素顏現身，祈求著「看啊，我為了工作盡心盡力變得如此憔悴，拜託饒過我吧！」一方面又想著「等著瞧吧！等我成為可以獨當一面的編輯，我絕對要穿回我那些時尚的行頭！」

現在的我勉強算是有點成績，但事實證明，當你愈有經驗、愈被信任，工作只會愈多，然後更加沒有時間打扮！雖然我還沒有放棄成為「最時尚女編輯」的目標，但衣櫃裡那些時尚華服到底何時才能穿上呢？

劇透

Q 什麼東西每週讓人期待又怕受傷害，時而看著它哭，
時而看著它笑，情緒隨之跌宕起伏？

✕ 虐心韓劇

畫得如此隨便，
孔太太們應該不會
不高興吧？

○ 週銷報表

三通的銷售
報表來啦！
快點來看！

註：三通 = 三大通路
（誠X、金XX、博XX）

欸你那本這週
賣了三…

P.S. 被「劇透」還會生氣。

不要劇透報表！
我要自己看！是有
沒有公德心
啊你！

sorry....

劇透

早上拿出蛋餅，泡好紅茶，準備一邊
享受早餐一邊打開業務部剛剛發來的週
銷報表，結果旁邊同事大聲說：

「欸你那本上週在誠X賣了〇〇本！」

可惡！你難道不曉得劇透是一件很沒
水準的事嗎（狂搖肩膀），本小姐打拚出
來的成果想要自己揭曉啊！

太晚下班趕不上垃圾車

唉呀！
今天又沒辦法
倒垃圾了……
周末再處理吧！

垃圾車晚上6:50來。

7:30才下班。

周末晚上又常常
畫稿畫到忘記。

半夜12:00了

幹！垃圾車
時間又過了！

為了維持穩定po文又不
影響正職，周末要先把
下周的圖文畫好。

…

不要亂看！

那女的是
不是在棄屍

竊竊私語

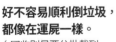

好不容易順利倒垃圾，
都像在運屍一樣。
（回收則是要分批載到
附近的回收場。）

最大容量的垃圾袋→

編輯的養顏之道

Q 出版業的女性從業人員相當多，彼此會不會交流養顏美容的技巧和祕方啊？

訪問總編

久坐校稿容易水腫，我會自己煮 黑豆水 隨時飲用。

訪問行銷

熬夜加班面有菜色時，會到超商買 紅豆水 喝，維持好氣色。

新書上市前，我建議大家喝 符水，可以消消業障，看看業績能不能稍微好點。

請斟酌飲用。

訪問編輯

你好像跑錯棚了。

要是真的有用就太好了。

12

編輯真心話

你們為什麼
不去買黑豆水和
紅豆水呢？

沒有、沒有！
我沒有在團購符水！

別再問啦！

此文刊出後，符水的詢
問度超高。
可見大家都很需要。

編輯的養顏之道

出版業是個女性從業人員相對多的產業，不過可能因為職場不需要我們每天妝容完整，所以美容保養的話題大多圍繞在飲食、運動上，很是健康。

本篇分享我的主管和同事，都是如何在忙碌的工作中維持活力（剛剛打成「獲利」，要是真的可以分享這個主題該有多好）與氣色呢？

187

Part

10

角色互換之
當編輯成為作者

常常有人以為我身兼編輯和作者，一定可以將
編務執行的面面俱到。事實上 —— 並沒有！因
為「換個位置，換個腦袋」是人之常情，**我只是
從一個挑剔的編輯，變成一個難搞的作者，真
的是辛苦我的編輯了。**

02
跟說好的不一樣！

04
史上最近距離催稿

TUE	WED	THU	FRI
		01 史上最有 自知之明的作者	
			03 史上最焦慮的作者
			05 換個位子換個腦袋

01 史上最有自知之明的作者

01

編輯真心話

史上最有自知之明的作者

　經營「編輯小姐」粉絲團一年左右，開始有幾間出版社來問我要不要出書。接到邀請雖然暗自竊喜，但很快就想到，因為電腦很舊，為了可以順暢的使用繪圖軟體，我所有的圖都是72dpi，而要印刷的圖檔，解析度必須300dpi才行。除此之外，我有時懶惰開圖層，全部畫在同一層；有時雖然開了圖層，但全部都命名為「圖層1」。因為一開始只是為了網路發表而畫的，所以全部使用RGB色彩模式，而非印刷用的CMYK。

　更糟糕的是，我做稿不專業，文字框忽大忽小、髒點沒有修掉、上色漏上的地方也很多……我捫心自問，如果我是編輯，我想當這個人的編輯嗎？答案是——絕對不想！我也超害怕砸了自己招牌，要是對方看了稿件心裡想：「明明也在當編輯，做稿怎麼這個樣子。」那我就不用混了！

　不管是以作者還是編輯身份，我給有出書打算的網路創作者唯一的建議就是：「一開始就開好300dpi的檔案，等畫完了再轉成72dpi上傳。」

02

編輯真心話

跟說好的不一樣！

因為自己做稿太糟糕，而遲遲不敢出書的我，居然中了計。

隔壁出版社的總編輯不曉得為什麼，居然看透我怕麻煩又懶惰的個性，用一句話說服我：「你想太多了！你就把檔案拿來，我們就會幫你整理啦！」我還一直說：「真的嗎？72dpi也沒關係？」半信半疑的把三年來全部的圖文都存進一個USB，交給被指派為本書編輯的背後靈小編，就這樣交了稿簽了約，變成真正要出書的作家。

後來我收到了背後靈小編給我的目錄，其中有許多空格。她說：「這些是要請你『填空』的地方，因為希望書裡至少有60％的內容是全新創作的。」接著又列出一張表格：「這些是檔案有問題的，再麻煩你處理喔！」然後又補上一句：「明年第一季出版，所以最好今年底就截稿喔！」我真是嚇壞了！我答應了什麼？我要上班、趕稿，同時還要持續更新粉絲團！

時至今日，竟然也真的把書生出來了。這真是資深編輯的高招，一句話突破心防，然後從作者有限的腦袋裡，榨出無限的內容。

02

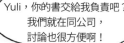

跟說好的不一樣！

Yuli，你的書交給我負責吧？
我們就在同公司，
討論也很方便啊！

背後靈小編
隔壁部門同事

你確定嗎？

你難道沒有看到
前一頁那些狗屎爛蛋？
是我的話絕不自討苦吃

這個不會很麻煩！
相信我，你只要把你手上的檔
案整理給我就好了！我就會幫
你編出來，一點也不麻煩！

就這樣說好囉？
在我們家出版囉？

交稿後……

希望能有**全新的漫畫大概25篇**，
還有 40 幾篇文章要補寫，
每個章節還要有一段引言，
以及你的「作者的話。」

**這幾張沒有圖層的
要麻煩你處理。**
大綱給你參考。

我中計啦！

這樣的份量有辦法
在十二月交稿嗎？

現在是十月。

靠北啊～
說好的一點也不麻煩呢！？

編輯真心話

史上最焦慮的作者

確定要出書後，我還有一個憂慮。就是……這本書真的有市場嗎？

我很緊張地跑去請教曾經做過網紅書的編輯，他告訴我：「網紅出書，會買單的粉絲大概佔整體按讚數的十分之一左右。」然後我又去問一位擁有十六萬粉絲的圖文作家前輩，她說：「對，大概只有十分之一左右的人會買書。」這樣算起來，我的書搞不好連一刷都賣不完，這

樣出我的書，豈不是倉庫造山運動嗎？

當我很緊張的想跟我的編輯講這件事時，才突然想到自己寫過的文章──書賣得好不好，編輯往往比作者更在意。既然他們主動找我出書，想必是相信這本書有機會。既然如此，我就相信他們，努力生出稿子、積極配合行銷活動吧！

庫存爆量的恐懼，就留在惡夢裡。

04

編輯真心話

史上最近距離催稿

原本是催別人稿子的編輯，這會兒我也變成被催稿的作者了。

有次背後靈小編跟我聊天時，說：「我曾經遇過作者跟我說他要去奔喪，無法準時交稿，沒想到後來竟在臉書上看到他去台南玩還打卡！」我嘖嘖驚嘆，說這真是太過分了，背後靈小編又說：「還有一個作者跟我說，因為打雷的關係電腦燒掉了，所以沒辦法交稿。」聽到這個理由我更是拍案叫絕，但轉念一想，她一定是在暗示我，別想耍什麼花招拖稿，作者在想什麼編輯都知道！

因為我們的座位只隔了幾公尺，茶水間、廁所、電梯都是可能被催稿的地方。

即使我急著要用事務機，只要看到背後靈小編在那邊我就不敢靠近。我以為這已是史上最近距離的催稿了。

好幾次我寫好文章，自己讀完一遍後，腦內編輯覺得不夠好，便自己退自己稿。這時腦內作者便想出一堆拖稿的理由，腦內編輯又會反駁：「誰會相信這種理由？快寫。」寫出來依然不滿意，腦內編輯一直說：「快點快點，交稿日已經到啦！」這才是史上最近距離的催稿啊！就在我自己的腦內發生。

折騰了半天，最後還是拿出最普通又沒創意的理由給真正的編輯：「對不起，我沒有靈感，請容許我晚幾天交稿。」

04 史上最近距離催稿

象徵作者身分的帽子

編輯小姐 Yuli 與認識多年的隔壁同事結盟，合作出書！

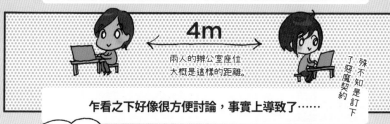

4m

兩人的辦公室座位大概是這樣的距離。

殊不知是訂下了惡魔契約

乍看之下好像很方便討論，事實上導致了……

你今天可以交稿嗎？

走開

隔板

走開

走開

要交稿了嗎？

交稿……

這是史上最近距離的催稿。
我真的、真的嚇壞了。

198

05 換個位子換個腦袋

叭什麼啦！
以為馬路只有車子
能開嗎？
走開啦！
騎機車時
叭叭——
這些機車是怎樣，
不要一直靠過來！
開車時
作者真的很難搞，
還在那邊不改搞。
當編輯時
不爽改啦！
編輯搞屁啊！
當作者時
編輯大人
神武英明～
好喔
明天給我。
好的好的，
我改我改。

05

編輯真心話

換個位子換個腦袋

　「換個位子，換個腦袋。」是我們常常拿來批判政治人物的話，但事實上我一直認為這是人之常情。我在騎車的時候，被車子按喇叭都會飆罵一陣。但當我在開車時，遇到穿梭車陣的機車，我也會碎念一番。我覺得這是日常生活中最典型的「換個位子，換個腦袋」表現。

　我原本期許自己當個 open mind 的作者，對編輯提出的任何意見都保持開放心態，畢竟當局者迷，有很多缺點或許我自己看不到。事實證明，自己的作品被要求修改，是真的很‧難‧接‧受！結果，我只是從很靠北的編輯，變成很靠北的作者。

Part

11

特別收錄：
編輯不夢幻的人間生活

04
異業好友之
律師篇

TUE	WED	THU	FRI
			01 文藝青年與一般人
02 編輯情侶的日常			
	03 異業朋友之 服裝設計師篇		
		05 七夕特輯： 編輯小姐的 戀愛教室	**06** 講幹話我也會

01

文藝青年與一般人

01

編輯真心話

文藝青年與一般人

不管是以前流行的PTT，還是後來興起的Dcard，最常出現的情侶抱怨文莫過於是「另一半沉迷於遊戲」這個主題了。每次朋友聽到我說「我男友沒在打電動」都露出欣羨的表情，但是⋯⋯那也只是變成坐在那邊看書而已，還是一樣叫不動啊！

當你感興趣的目標是文青編輯（不管性別），首先要了解，很多當編輯的人都有種執念，對於喜愛的事物鍥而不捨地探究，因為如果沒有這等全心投入的衝勁，很難勝任編輯工作。此時最好的方法，並不是去跟他讀一樣的書，或是假裝自己也喜愛看冷門電影，而是把自己原本就喜愛的事物講給他聽，講得好像你完全是專家、是鑽研這個領域的第一名。因為當編輯的人懂得尊敬每個人的學識，也比誰都了解「術業有專攻」是怎麼一回事。

想當初，我男友文青先生安排的行程叫做「去一家不錯的咖啡館一起看書」，在那之前我早就觀察過他喜歡看什麼書了，就是諾貝爾文學獎得主大江健三郎，以及哲學家紀傑克的著作之類的。而我呢？我最常讀的東西莫過於時尚雜誌，不管是日系的還是歐美的都看。當天我也帶著新發售的雜誌，還帶著筆和便利貼，因為我要把喜歡的單品標記下來，當作這過月治裝的參考。

我的時尚雜誌大概二十分鐘就翻完了，剩下的時間用手機逛網拍，看看能否找到剛剛在雜誌裡標記出來的款式。坐在我對面的文青先生覺得非常有趣，竟然有人看時尚雜誌還做筆記、查資料，就問我在幹嘛。我立馬如數家珍告訴他，這一季流行什麼樣的款式什麼樣的材質什麼樣的配色、我最喜歡的模特兒是哪一位從什麼時候開始活躍有什麼代表作、「重複穿搭」的專題如何情境式呈現⋯⋯反正所有時尚雜誌有關的資訊，煞有其事的敘述一遍就對了。

果不其然，文青先生就說：「哇，沒想到時尚雜誌這麼多細節。」這樣即使我完全不懂大江健三郎，也能輕鬆塑造出「我可是在別的領域很有心得呢！」的印象，簡直幫自己加一百分，提供給大家參考。

203

02

編輯情侶的日常

204

我覺得你不應該指責我在書中使用「妳」這個字。這是為了分辨角色啊。

吵架的內容也很奇怪。

第二人稱本來就是指特定單一角色，不需要特別用女字旁去區別吧？

編輯情侶的日常

跟畫家一起去印刷廠看印時，不知為何互相交流了感情話題，然後又講到之前曾經連載「讀醫科的男友」四格漫畫很受歡迎，她就說「那為何現在沒有連載『當編輯的男友』系列啊？」我說因為男友是醫生聽起來很有錢又有話題性，男友是編輯就只會覺得他很文青吧。就像說「女友是空姐」聽起來就很跩，但「女友是廣告業務」聽起來就覺得「她大概很忙」。有點心酸又有點好笑。

03

異業朋友之服裝設計師篇

208

編輯真心話

異業朋友之服裝設計師篇

好友設計師小姐在時尚產業工作，負責女包、女裝的設計。即使是剛下班去逛街，也依然散發著時尚氣息。編輯小姐剛下班去逛街……就真的是剛下班的樣子。穿著樸素、沒有補妝、戴著厚厚眼鏡，以及一個已經嚴重磨損又塞得滿滿的包包。

自從設計師小姐進到這間臺灣女包品牌工作後，身為好友的我總是忠心耿耿的使用她設計的包款。但她明明推出很多大容量的包包，我卻失心瘋的挑選優雅小巧的款式，導致每天都塞爆。應該

沒有任何一個編輯可以用小巧的包包上班吧？所以後來我又買了另一款大的，視當天的需求交替使用。每次她看到我塞爆這些包，都覺得很有趣，總要檢視看看我到底裝了些什麼，然後拍照給她的主管看客戶是怎樣使用自家品牌的包。有次我裝太重，把手整個跟包包分離，還獲得免費維修一次的福利。

自從開始上班以來，沒有一個包包撐過半年的。到底是我的問題，還是職場的問題？

異業好友之律師篇

很多人會說當編輯就是「有人付錢請你讀書」，其實這樣講也不盡然錯，只是不完全對，實際上看稿只佔我工作的一小部分而已。我個人把這句話當成自嘲比較多。

曾經跟兩位在知名事務所執業的律師朋友吃飯。資深律師說：「我剛開始當律師的時候很驚訝，覺得怎麼會有人付錢請我讀書？」一旁的新進律師也附和：「對啊！每接下一個委託，都要深入

瞭解背後的產業結構與社會制度，學到很多。」我忍不住插嘴說：「跟編輯一樣耶！編輯也是有人付錢請我讀書！」。

講完才覺得怪怪的，誰跟你們一樣啊！後來這位年輕律師交了女友，整個人就失聯了，而跟女友出遊的照片，開的車可是奧迪呢。我們編輯情侶出遊，先別說只能開豐田，那豐田還是和運租車的呢。同樣是有人付錢請我們看書，境遇卻是完全不同的兩回事。

213

七夕特輯：編輯小姐的戀愛教室

第一課要教大家如何第一次相親就——失敗。雖然對現代人來說，四十歲才結婚也毫不嫌晚，但歲數超過二十五就是長輩開始明示暗示的時刻。其實相親多半是長輩的好意，不妨就恭敬收下，當作體驗一個老派的擇偶方式。相親最常遇到對方一開始根本在假裝，一旦深入交往就原形畢露，要是真的結（婚）下去還得了！因此我覺得相親時，雙方都真誠以待比較好，以免浪費彼此時間。我的心態是如此正面又體貼，結果後來對方都沒聯絡了，真是搞不懂為什麼。

第二課要分享我自己的體悟。不管對方多優秀、多有經濟實力、多帥多美貌、多殷勤多誠懇，只要價值觀差距太大，就難以得到幸福。當然我們絕對不要說出「錢是身外之物」這類過度清高的話語，但除非對方的條件真的好到讓自己願意忍耐一切，否則會很辛苦的！切記切記。

第三課則是要告訴大家，很多人有個迷思，覺得一定要找到和自己志同道合心有靈犀的另一半，不過就我個人的經驗，這種人是幾乎不存在的，找到可以彼此欣賞的人才是最重要的！共勉之。

＊**免責聲明**：本系列純屬虛構，若有雷同純屬巧合。

06

編輯真心話

你不是很討厭這個老是數落年輕人的財經作家嗎?為何每次他出新書都要看?

我就是要認真看他的說法,然後仔細思考要如何反駁他!要是哪天遇到他,才能以理服人!

這就是所謂的「黑粉」!

講幹話我也會

　　我並不是一個憤世嫉俗的人,但有時候聽到某些理財專家「苦口婆心」還是會微微皺眉,畢竟有些講法真的太不食人間煙火。分享我的理財妙方給大家,這個方法確保你的存款不會減少,但也不會增加就是了。

後記

我是一個做事總是三分鐘熱度的人，只有兩件事持續超過十年，一個是畫漫畫，一個就是經營部落格。

無名小站剛開始流行我就註冊了，開始發表文章直到現在，整整有十四年。中學時代，父母嚴格限制我一天只能用電腦十五分鐘，十五分鐘連到開心農場拔菜都嫌少，我卻全數貢獻給部落格，持續更新的動力就是「希望讓更多人看到我創造的內容」。升上大學，我把部落格搬到 blogspot，也開始經營粉絲團，並固定以漫畫搭配文字發文，有意識的想提升部落格與粉絲團的曝光量。

直到創造了「編輯小姐」這個角色，這個粉絲團才真正開始稱得上「社群」。事實上，我非常驚訝編輯工作的主題可以吸引這麼多關注，進而使我從「編輯」這個幕後角色，走到幕前成為作者。畢竟，一開始只是因為我的生活已經只剩

下工作了，才會形成這樣的主題。總而言之，這本書是彙整我從 2014 年從業以來所經歷的真實故事，除了是一本有趣搞笑的職場漫畫，更是編輯工作的入門參考。有人擔心我出版這本書，不就把編輯工作的眉角和 know how 都公開了嗎？如果你看完這本書，真的馬上學會如何當編輯，那絕對是我這個當作者的要崇敬你！

謝謝野人文化總編輯瑩瑩與責任編輯麗娜，我比誰都了解要將網路上零散的內容理出脈絡，進而成書是多麼麻煩又累人。謝謝出版界的前輩、粉絲團的讀者一路上給予的支持。最後要謝謝我的前同事，都已經離職那麼久還一直被畫出來。

祝大家都能找到一份理想的工作。

編輯小姐 Yuli 的繪圖日誌

劇透職場,微厭世、不暗黑的辦公室直播漫畫。

GRAPHIC TIMES 004

作　　者　許喻理(Yuli)
總 編 輯　張瑩瑩
副總編輯　蔡麗真
美術設計　TODAY STUDIO

責任編輯　莊麗娜
行銷企畫　林麗紅
印　　務　黃禮賢・李孟儒

社　　長　郭重興
發行人兼
出版總監　曾大福

出　　版　野人文化股份有限公司
發　　行　遠足文化事業股份有限公司
　　　　　地址:231新北市新店區民權路108-2號9樓
　　　　　電話:(02) 2218-1417
　　　　　傳真:(02) 86671065
　　　　　電子信箱:service@bookrep.com.tw
　　　　　網址:www.bookrep.com.tw
　　　　　郵撥帳號:19504465遠足文化事業股份有限公司
　　　　　客服專線:0800-221-029

法律顧問　華洋法律事務所　蘇文生律師
印　　製　凱林彩印股份有限公司
初　　版　2018年03月28日

國家圖書館出版品預行編目(CIP)資料

編輯小姐Yuli的繪圖日誌 / Yuli著. -- 初
版. -- 新北市:野人文化出版:遠足文化
發行,2018.04　224面;15×21公分.
-- (Graphic time;4)
ISBN 978-986-384-271-2 (平裝)

487.73　　　　　107002077

感謝您購買《編輯小姐Yuli的繪圖日誌》

姓　名 　　　　　□女 □男 　　年齡

地　址

電　話 　　　　　　　　　　手機

Email

學　歷 □國中(含以下) 　□高中職 　　□大專 　　　□研究所以上
職　業 □生產/製造 　　□金融/商業 　□傳播/廣告 　□軍警/公務員
　　　 □教育/文化 　　□旅遊/運輸 　□醫療/保健 　□仲介/服務
　　　 □學生 　　　　　□自由/家管 　□其他

◆你從何處知道此書？
　　□書店 　□書訊 　□書評 　□報紙 　□廣播 　□電視 　□網路
　　□廣告DM 　□親友介紹 　□其他

◆您在哪裡買到本書？
　　□誠品書店 　□誠品網路書店 　□金石堂書店 　□金石堂網路書店
　　□博客來網路書店 　□其他＿＿＿＿＿＿＿＿＿＿＿＿＿

◆你的閱讀習慣：
　　□親子教養 　□文學 □翻譯小說 □日文小說 □華文小說 □藝術設計
　　□人文社科 　□自然科學 　□商業理財 　□宗教哲學 □心理勵志
　　□休閒生活(旅遊、瘦身、美容、園藝等) 　□手工藝／DIY 　□飲食／食譜
　　□健康養生 　□兩性 　□圖文書／漫畫 □其他

◆你對本書的評價：(請填代號，1.非常滿意 　2.滿意 　3.尚可 　4.待改進)
　　書名＿＿＿＿封面設計＿＿＿＿版面編排＿＿＿＿印刷＿＿＿＿內容＿＿＿＿
　　整體評價＿＿＿＿

◆希望我們為您增加什麼樣的內容：

◆你對本書的建議：

廣　告　回　函
板橋郵政管理局登記證
板橋廣字第143號

郵資已付　免貼郵票

23141
新北市新店區民權路108-2號9樓
野人文化股份有限公司 收

請沿線撕下對摺寄回

書名：編輯小姐Yuli的繪圖日誌
劇透職場，微厭世、不暗黑的辦公室直播漫畫。
書號：GRAPHIC TIMES 004